STEAM&创客教育趣学指南

JavaScript

FOR

KIDS

达人迷

JavaScript
趣味编程15例

◎［美］Chris Minnick Eva Holland 著

◎李风明 黄波 译

for
dummies®
A Wiley Brand

人民邮电出版社

北京

图书在版编目（CIP）数据

达人迷：JavaScript趣味编程15例 / （美）克里斯
•明尼克（Chris Minnick），（美）伊娃•霍兰
(Eva Holland) 著；李风明，黄波译. -- 北京：人民
邮电出版社，2017.7
（STEAM&创客教育趣学指南）
ISBN 978-7-115-45331-0

Ⅰ．①达… Ⅱ．①克… ②伊… ③李… ④黄… Ⅲ.
①JAVA语言－程序设计 Ⅳ．①TP312.8

中国版本图书馆CIP数据核字(2017)第073199号

版权声明

商标声明

♦ 著　　　［美］Chris Minnick　Eva Holland

译　　　李风明　黄　波

责任编辑　周　璇

责任印制　周昇亮

♦ 人民邮电出版社出版发行　　北京市丰台区成寿寺路 11 号

邮编　100164　电子邮件　315@ptpress.com.cn

网址　http://www.ptpress.com.cn

北京缤索印刷有限公司印刷

♦ 开本：800×1000　1/16

印张：18　　　　　　　　2017 年 7 月第 1 版

字数：326 千字　　　　　　2017 年 7 月北京第 1 次印刷

著作权合同登记号　图字：01-2016-2415 号

定价：89.00 元

读者服务热线：(010)81055339　印装质量热线：(010)81055316

反盗版热线：(010)81055315

广告经营许可证：京东工商广登字 20170147 号

内容提要

    本书适用于各个年龄阶段、没有编程经验的读者。全书从 JavaScript 编程基础入手，全面剖析了 JavaScript 程序基础结构、JavaScript 表达式和运算符、结构化程序与功能、循环、使用 JavaScript 更改 HTML 和 CSS3、使用 if...else 语句等。书中讲述的知识多结合现实生活中有趣的实例，使内容更加生动、通俗易懂。希望可以让读者们"知其然，更知其所以然"。全书分为：什么是 JavaScript、网络动画、获取操作、数组和函数、循环 6 个部分共 19 章。基本涵盖了参与 JavaScript 开发所需具备的基础知识。学习 JavaScript 不仅要学习如何编程，还要对其开发工具和社区进行充分的了解。在本书中，这些内容均有涉及。

译者简介

李风明，软件工程专业，就职于国内知名互联网公司，已翻译过 OpenCV By Example 等书。

关于作者

    Chris Minnick：Chris 是一位 JavaScript 绝世高手，以能够解决任何问题而闻名。他喜欢游泳、写作和弹吉他。

    Eva Holland：Eva 最出色的是她完成任务的能力。她以帮助者的身份闻名于世。她喜欢跳舞、写作和参加聚会。

献词

本书献给从 0 到 1100100（译者注：二进制 1100100 数转化为 10 进制数为 100）岁的读者。

作者致谢

我们要特别感谢所有给予我们建议并积极帮助我们测试的人，包括：Camille McCue、Ivy Jackson、Beth Burkhart、Marek Belski、Stephen Tow、Carole Jelen、我们的读者和学生、我们的家人和朋友、我们的社交媒体追随者、我们在 Wiley 的出色团队，以及一直做着很酷的事情，来激励我们继续学习的读者们。

本书英文版出版致谢

执行编辑：Steve Hayes

项目编辑：Elizabeth Kuball

副本编辑：Elizabeth Kuball

技术编辑：Camille McCue

项目协调员：Siddique Shaik

封面图片：©Wiley

目 录

概述

本书主要是对 JavaScript 编程基础进行介绍。在每一章中，我们都一步一步地为你创建了 Web 的 JavaScript 程序。专为没有编码经验的、各个年龄段的大众设计，我们努力以有趣、互动的方式介绍这个技术主题。

JavaScript 是当今世界上使用最广泛的编程语言。这就是为什么当你通过本书打开编程世界的大门时，我们认为你做了一个非常伟大的决定。

JavaScript 有趣且容易学习！只要有决心和想象力，你就可以随时创造你自己的 JavaScript 程序！

正如去卡耐基音乐厅表演的唯一方法是实践、实践、实践一样，成为一个更好的程序员的唯一方法是代码、代码、代码！

关于本书

我们试图为你解释 JavaScript 语言，并让你理解其中的概念。有了自主学习的能力之后，本书会为你助上一臂之力。在这本书中，你将学习如何创建有趣的游戏和程序。我们甚至会告诉你如何自定义和建立自己的游戏版本，如何将其发布到网站上，与你的朋友分享！

无论你对 JavaScript 略知一二还是对其闻所未闻，这本书都将告诉你如何用正确的方式写 JavaScript。

本书涵盖的主要内容包括：

- JavaScript 程序的基本结构
- JavaScript 表达式和运算符
- 结构化程序与功能
- 循环
- 使用 JavaScript 更改 HTML5 和 CSS3

　　✔ 使用 if ... else 语句做出选择

　　学习 JavaScript 不仅仅是学习如何编写语言。它还涉及了解已经围绕该语言构建的工具和社区。经过漫长的时间，JavaScript 程序员已经改进了用于编写 JavaScript 的工具和技术。在本书中，我们提到了测试，记录和编写更好代码的重要技术和工具！

　　为了让这本书更容易阅读，你需要记住几个提示。首先，所有 JavaScript 代码和所有 HTML 和 CSS 标记出现在等宽的类型中，如下所示：

```
document.write("Hi!");
```

　　书页上的边距与你显示器的边距可能不同，因此比较长的 HTML、CSS 和 JavaScript 代码可能会跨多行。请记住，你的计算机将此类行视为单行的 HTML、CSS 或 JavaScript 代码。我们指出，一切都应该在一条线上，通过在标点符号或空格处断开，然后进行缩进，像这样：

```
document.getElementById("thisIsAnElementInTheDocument").
                addEventListener("click",doSomething,false);
```

　　HTML 和 CSS 不在乎你是否使用了大写或小写字母或两者的组合。但是，JavaScript 很关心！为了确保从书中的代码示例中获得正确的结果，请始终坚持使用相同的大写字母。

给达人迷们的假设

　　你不需要作为一个"编程忍者"或一个"黑客"来理解编程。你不需要了解你的计算机是如何工作的。你甚至不需要知道如何用二进制数计数。

　　但是，我们需要做一些关于你的假设。我们假设你可以打开你的计算机，你知道如何使用鼠标和键盘，以及你有一个有效的互联网连接和网络浏览器。如果你已经知道如何制作网页（不需要知道太多！），那将会是一个不错的开始。

　　你需要知道的编写和运行 JavaScript 代码的方法，都在本书中进行了详细的介绍。最终你会确认的一件事是编程需要注意细节。

本书中的图标

　　以下是我们在本书中用来标记文本和信息的图标列表，这些图标特别值得注意。

此图标突出显示你可能会感兴趣或可能不感兴趣的技术详细信息。可随意跳过这些信息，但如果你是技术类型的，你可能会喜欢阅读它。

此图标突出显示有用的提示，比如简单的方法或快捷方式，帮你省时省力。

每当你看到这个图标，请密切注意。别忘记你要阅读的信息——或者，在某些情况下，我们会提醒你一些你已经知道但可能忘记了的内容。

小心。此图标警告你避免陷阱。

更多内容

在这本书中找不到的很多额外的内容，可以在线查找：

- "小抄"：在线"小抄"在"达人迷"Dummies 官方网站。在这里，你可以找到有关将 CSS 属性名称转换为 JavaScript 的信息；JavaScript 可以响应的常见 Web 浏览器事件的列表，以及不能用作 JavaScript 变量、函数、方法、循环标签或对象名称的单词列表。
- 网络附件：有关其他主题的在线文章，请访问"达人迷"Dummies 官方网站。在这些文章中，我们介绍了 HTML5 表单输入技巧、如何命名 JavaScript 变量、JavaScript 疑难解答提示等。

下一步

用 JavaScript 编程是很有趣的，当你对其略知一二之后，互动网页应用程序的世界就向你打开了。我们希望你喜欢这本书和书中的知识。

如果你想向我们展示对我们的游戏所做的改变和改进或你自己的程序，你可以通过 Facebook、Twitter，或通过电子邮件 info@watzthis.com 联系我们。我们很高兴看到你的想法！

第 1 部分

什么是JavaScript？注意！JavaScript真的很棒！

这一部分里……

- 第 1 章　网络编程
- 第 2 章　理解语法
- 第 3 章　给予和接收数据
- 第 4 章　修改 Web 应用程序

第1章
网络编程

JavaScript 是一种功能强大且易于学习的语言。在本章中，我们将讲解编程的基础知识，告诉你 JavaScript 是什么，并开始写第一个 JavaScript 命令。

开始任何一个新项目时，其中最重要的一部分就是要确保你有工作环境，并且工作环境内有正确的工具。在本章中，我们将安装和配置所需的所有程序，并开始与一些真正的 JavaScript 程序打交道！

```
●●●        Developer Tools - chrome-extension://laookkfknpbbblfpciffpaejjkokdgca/dashboard.html

Q  📱  Elements  Network  Sources  Timeline  »       >≡   ⚙   🖥

🚫  ▽  <top frame> ▼  ☐ Preserve log

>  2000-37
<  1963
>  30*27
<  810
>  120/20
<  6
>  "Emily" + " " + "is learning JavaScript!"
<  "Emily is learning JavaScript!"
>




Console  Search  Emulation  Rendering
```

什么是编程

计算机程序是一系列可以被计算机理解并遵循的指令。当我们写这些指令时，也将计算机编程称为编码。计算机不会自己做事情。它们需要一个计算机程序告诉它们该怎么做。计算机程序员编写代码，让计算机做各种各样的事情。

计算机程序的另一个名称是软件。

发明了程序设计的女士

我们知道，电子计算机发明于 20 世纪 30 年代，但在 19 世纪中期第一个计算机程序—— 一组能够被机器执行的指令——就被编写出来了。

第一位计算机程序的作者，也是世界上第一台计算机的程序员，是一位叫 Ada Lovelace 女士。她不仅是英国数学家，也是曾设想计算机不仅仅能够处理数字，还能够做更多事情的第一人。她曾预见计算机能够做如今计算机已能做的所有事情，包括文字处理、显示图片和播放音乐。她独到的见解为她赢得了 "数字女巫"（The Enchantress of Numbers）的绰号。

编译器是将编程语言转换为机器语言的程序。第一个编译器是由 Grace Murray Hopper 于 1944 年发明的。这个发明使计算机程序可以运行在不同类型的计算机中。Hopper 也被认为是计算机程序中修复问题的术语——调试（debugging）的发明者。该术语的灵感来自于一只真正的飞蛾从早期的计算机上被去除的事情。Hopper 因对现代计算的贡献被世人称为 " 软件皇后"（The Queen of Software）或 " 天赐恩宠"（Amazing Grace）。

计算机程序可以帮人做成千上万的事情，包括以下内容：

- 播放音乐和视频
- 进行科学实验
- 汽车设计
- 发明药物
- 玩游戏
- 管理机器人
- 指挥卫星和飞船
- 设计杂志
- 教人新技能

你能想到更多计算机可以做的事情吗？

谈起计算机

每一台计算机的心脏都是一个中央处理单元（CPU）。该 CPU 由数以百万计很小且非常快、可以打开或关闭的开关（称为晶体管）组成。在任何时刻每一个开关的状态决定了计算机将做什么。程序员使用二进制码编写的软件会告诉这些开关何时打开或关闭，以及怎样联合。二进制码使用 0 和 1，生成能够组合在一起的字母、数字和符号，以执行任务。计算机做的每一件事情都是很多0和1不同组合的结果。例如，要表示一个小写字母A，计算机使用下面的二进制代码：

```
0110    0001
```

二进制数中的每个 0 或 1 被称为一位，八位组合在一起被称为一个字节。当你听到别人用千字节、兆字节或者千兆字节来告诉一个文件有多大时，他们谈论的是存储这个文件需要的八位二进制码的数量。

表 1-1 列出了最常用的存储大小。

表 1-1	有多少字节	
名称	字节数	可以储存什么
千字节（KB）	1024	两到三个段落中的文本
兆字节（MB）	1048576	800 页的文字
千兆字节（GB）	1073741824	250 首歌曲（MP3 文件）
太字节（TB）	1099511627776	350000 张数码照片
拍字节（PB）	1125899906842624	蓝光光盘

一个典型的小型计算机程序可能包含从几字节到几兆字节的指令、图像和其他数据。让你在一天之内输入成千上万甚至数以百万计的 1 和 0 几乎是不可能的，所以如果你想告诉计算机做什么，就需要一位既懂人类语言又懂计算机（或机器）语言的翻译。计算机程序设计语言就是这位翻译。

每个计算机程序都是用计算机编程语言编写的。编程语言允许你写一系列复杂的可以被翻译（也被称为编译）成机器语言的指令。通过编译，这些指令最终变成了一台计算机可以理解的二进制代码。

选择一种语言

人们创造了数百种不同的计算机编程语言。你可能会问自己，如果它们基本上都做同样的事情——将人类语言翻译成机器语言，那么为什么还需要这么多的编程语言？这是一个很好的问题！

这里列出为什么有这么多不同编程语言存在的几个主要原因。新编程语言的出现允许程序员：

　　✏ 可以用比以前更好的方法写程序。

✔ 为新的或特殊类型的计算机写程序。

✔ 新建各类软件。

举几个计算机编程语言的例子：

✔ C

✔ Java

✔ JavaScript

✔ Logo

✔ Objective C

✔ Perl

✔ Python

✔ Ruby

✔ Scratch

✔ Swift

✔ Visual Basic

我们列出来的编程语言只是冰山一角。想看更完整的编程语言列表，可以查询相关网页。

有这么多的编程语言可供选择，你怎么知道使用哪一种呢？在多数情况下，答案取决于你想用语言来做什么。例如，要编写 iPhone 的应用程序，你有 3 种选择：Objective C、JavaScript 或者 Swift。如果你想编写在 Mac 或 Windows 上运行的游戏程序，那就有更多的选择了，包括 C、Java 或 JavaScript。如果你想做一个交互式网站，就需要使用 JavaScript。

在这里你有发现一种现象了吗？JavaScript 无处不在。

JavaScript 是什么

在网络发展初期，每个网页除了包含文字大小不同的纯文本链接之外别无其他。没有网络表格，当然也没有任何动画，甚至没有不同风格的文本或图片！

我们不是在抱怨！当时网络是新兴事物，能够从一个页面跳转到另一个页面并发现新的东西已经让人兴奋不已了。而更令人兴奋的是，网络让任何人发布任何东西变得很容易，并且互联网上的任何人都是它的潜在读者。

但是当人们知道了网络可以做什么的时候，他们便想要更多的功能！图形，文字颜色，表格，以及许多其他功能很快被引入了进来。

长时间以来，在最早的这些网络发明中影响力最大的是 JavaScript。

JavaScript 的产生是为了使 Web 浏览器具有交互功能。交互式网页可以从简单的形式（例如，当你犯了一个错误时能够提供一些反馈）到复杂的 3D 游戏形式。当你有机会访问一个网站时，看到有东西在动，或者看到网页上的数据不断变化，或者看到交互式的地图或基于浏览器的游戏，这都是 JavaScript 的功劳。

想要查看一些可能由 JavaScript 实现网站的例子，可以打开你的 Web 浏览器，并访问以下网站：

✔ **ShinyText**: ShinyText 是一个实验性的网站，使用 JavaScript 来显示一个字。你可以调整单词的不同属性，如反射能力和排斥力，当在单词周围移动鼠标时，观察这些属性对单词中的字母有什么影响。图 1-1 显示运行中的 ShinyText。

图 1-1

ShinyText 使用 JavaScript 来产生 3D 物理模拟

即使你不明白它是如何工作的（我们当然不明白！），也会感觉 ShinyText 很好玩吧，并且它是一个用 JavaScript 实现功能的很好的例子。

✔ **Interactive Sock Puppet**: Interactive Sock Puppet 是一种 3D 动画。这个时候，你可以控制一个 JavaScript 木偶的动作和面部表情。图 1-2 中的 Interactive Sock Puppet 看上去很高兴。

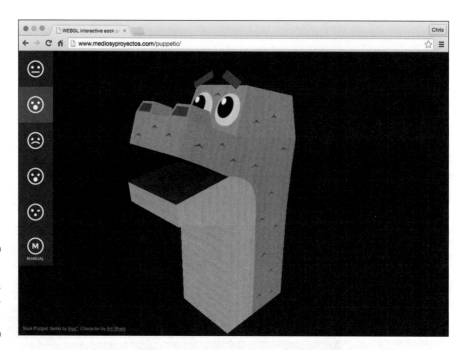

图 1-2

Interactive Sock Puppet 让你控制一个 JavaScript 恐龙木偶

✔ **Facebook**: Facebook 使用了大量的 JavaScript（参见图 1-3）。动画或视频的平滑播放，以及邮件列表的自动更新，这些都是 JavaScript 的功劳！

有些例子使用了 Web 浏览器的最新功能。由于它们可能不会在旧的 Web 浏览器中工作，因此我们建议你在最新版本的谷歌浏览器中查看。

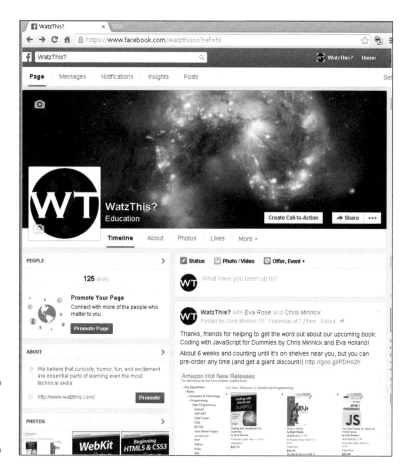

图 1-3

Facebook 使用
JavaScript 完成了一切

准备好你的浏览器

一个使用 JavaScript 必不可少的工具就是 Web 浏览器。有许多不同的 Web 浏览器可供选择，绝大多数浏览器都为运行 JavaScript 做了大量的工作。在你的计算机上可能已经有一个 Web 浏览器了。目前使用最广泛的 Web 浏览器是 Firefox、Safari、Chrome、IE 浏览器和 Opera。在这本书中，我们将使用 Chrome 浏览器。谷歌的 Chrome 浏览器是目前最流行的 Web 浏览器。它有一些对于 JavaScript 来说很好用的工具。

如果你尚未安装 Chrome 浏览器，就需要先下载并安装它。可以通过打开任何 Web

浏览器搜索 Chrome 官方网站来进行安装。找到该页面上的说明，并按照指示在你的计算机上安装 Chrome 浏览器。安装了 Chrome 浏览器后，启动它。

在下一节中，我们将向你展示 Chrome 浏览器的开发者工具，让网页设计师和 JavaScript 程序员看看在浏览器内到底发生了什么事情，这有助于他们写出更好的网页和程序。

打开 Web 开发工具

在你安装和启动了 Chrome 浏览器之后，看看浏览器窗口的顶部。在右上角，可以看到三条线，这是 Chrome 浏览器的菜单图标。展开 Chrome 浏览器的菜单，将看到一个类似于图 1-4 所示的选项列表。

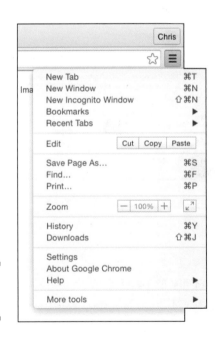

图 1-4

Chrome 浏览器菜单

向下滚动该菜单到底部，然后选择更多工具（More tools），会出现一个新的菜单选项，如图 1-5 所示。这些秘密工具是 JavaScript 程序员最好的朋友。

从更多工具（More tools）菜单中选择开发工具 (Developer Tools)。在浏览器窗口底部将有一个新的面板被打开，类似于图 1-6。开发工具会向你展示你需要的所有信息，如了解网页作品是如何工作的、检验和提高自己的网页以及 JavaScript 程序等。

图 1-5

更多工具（More tools）
菜单

图 1-6

开发工具

注意，在开发工具（Developer Tools）的顶部有一个菜单，里面有不同的标签，包括 Elements、Network、Sources、Timeline、Profiles、Resources、Audits 和 Console。在开发工具（Developer Tools）面板中单击不同的标签，将看到不同的选项和数据。本书将描述开发工具（Developer Tools）内必不可少的组件，但现在对我们来说最重要的一部分就是开发工具的控制台（Console）标签。现在打开控制台（Console）选项卡。

介绍 JavaScript 控制台（Console）

开发工具控制台（Console）又称 JavaScript 控制台（Console），如图 1-7 所示，展示了有关当前浏览器窗口中所运行的 JavaScript 信息。

如果有一个网页的 JavaScript 代码有错误，在控制台中就可以看到错误信息。这是一个非常有用的功能，并且也是 JavaScript 控制台（Console）的主要特征之一。

控制台另外一个非常酷的功能就是你可以输入 JavaScript 代码到控制台面板，并且它将运行。在下一节中，你将知道为什么这是有用的，并且如何做到这一点。

JavaScript 控制台对 JavaScript 程序员来说是一个有用的工具，但它也有被滥用的可能。如果有人你不认识或不相信的人让你把代码粘贴到 JavaScript 控制台（Console），请首先确保你明白这个代码的作用。

图 1-7

JavaScript 控制台
（Console）

运行第一个 JavaScript 命令

现在是时候开始尝试一些真正的 JavaScript 代码了！如果你还没有打开 JavaScript 控制台（Console），可以通过选择 JavaScript 菜单下面的更多工具（More tools）菜单，或通过单击开发工具（Developer Tools）控制台（Console）标签来打开它。

请按照下列步骤来运行你的第一个 JavaScript 命令：

（1）在靠近 > 处，单击 JavaScript 控制台，开始插入代码。

（2）输入 1+1，然后按 Return 键（Mac）或 Enter 键（Windows）。

浏览器将在下一行给你答案。

注意，当答案被返回时，在左侧有一个指向左边的箭头。此箭头指示该值来自 JavaScript 而不是你的输入。来自 JavaScript 的任何值都称为**返回值**。你在 JavaScript 中运行的每一个命令都会产生某种形式的返回值。

JavaScript 可以做很多事情，简单的数学运算只是其中之一。让我们来尝试一些其他命令，看看在这里得到答案到底有多快。

在开始之前，需要先清理一下控制台，删除那里以前的命令、错误信息和返回值。要清除控制台，单击左上角中间划线的圆。控制台内的一切信息都将被删除，现在你有了一个干净的面板。在 > 旁边单击并尝试以下 JavaScript 命令，确保输入每一个命令后按 Return 键（Mac）或 Enter 键（Windows）来查看结果。

JavaScript 命令	描述
`2000 - 37`	这是一个简单的数学问题，但这一次我们使用的是减法符号，使左边的数减去右边的数
`30 * 27`	星号（*）是你判断 JavaScript 在做乘法的依据

`120 / 20`
 	
`"Your name" + " " + "is learning JavaScript!"`
	正斜杠（/）告诉 JavaScript 用左边的数除以右边的数
	是的，可以用 JavaScript 将单词加在一起！当运行一个单词相加的命令时，就称之为 concatenation。其结果将是多个单词被组合成一个
	请注意，在上述的 JavaScript 命令中单词是在引号内的。这些引号非常重要。在第 2 章中，我们将确切地告诉你它为什么如此重要

`Your name + + is learning JavaScript!`	当你不使用引号时，JavaScript 一点都不喜欢这样。它将返回一个包含 SyntaxError 的错误信息。语法错误意味着你写的东西对 JavaScript 无效。任何时候出现一个语法错误，就意味着你出错了。这个时候你需要仔细检查一下代码，查看是否有错别字、缺少标点符号或缺少引号等情况

与数学快乐相处

现在轮到你自己尝试一些数学问题了！清除控制台内的命令、返回值和上一节实验中出现的错误信息。

这里有一些让你开始的想法：

✔ 两个十进制数相乘。

✔ 在一行中运行多个命令（例如，1 + 1 * 4 / 8）。

✔ 输入一个数字，没有任何符号，然后运行它。

✔ 在一个数字（没有引号）后面添加一个单词（记住使用引号）。

✔ 在一个单词（用引号）后面添加一个数字（没有引号）。

✔ 将你的名字和一个你喜欢的名人的姓氏结合起来。记住要在姓和名之间添加一个空格！例如，"Eva" + " " + "Harry Styles"。

✔ 尝试产生非常大的返回值。

✔ 尝试产生极小的返回值。

✔ 尝试做一个不可能的数学问题，如把一个数字除以零。

✔ 尝试用一个数字乘以一个单词（在引号里）。例如，343 * "hi!"。这一结果将是 NaN，表示"不是一个数字。"

第2章
理解语法

正如口语有规则（称为 grammar）一样，计算机程序设计语言也有规则（称为 syntax）。当你明白 JavaScript 的基本规则之后，就会感觉它实际上类似于英语语法。如果你认为老师纠正你说"ain't"的时候太严格，那是你没有看到 JavaScript 有多严格！如果你犯了某些类型的语法错误，它甚至都不会继续听你说下去。

在本章中，你将了解 JavaScript 语法的基础知识，以及如何避免被"语法警察"责骂！

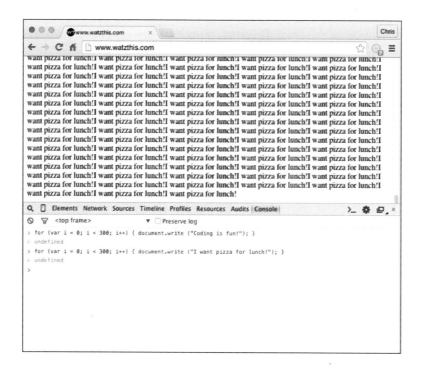

准确地表达你的意思

为了能够正确地被编译成机器语言指令，程序需要被写得非常精确。

第 1 章解释了什么是程序，以及如何使用一种被称为编译的过程，将程序翻译成机器语言。

作为一个程序员，你的工作就是思考想让程序实现什么大的场景，然后把它分解成可以被计算机正确完成的很多小步骤。例如，如果你想让一个机器人下楼给你拿一个三明治，可能你的指令是这样的：

1. 将头旋转向楼梯。
2. 使用视觉传感器寻找障碍物。
3. 如果找到一个障碍，确定它是什么。
4. 如果障碍物是一只猫，试图将猫从楼梯顶部引诱走：
   - 朝大厅投掷玩具。
   - 叫猫的名字。
   - 用手轻轻地推猫，直到它走开。
5. 如果没有任何障碍，在楼梯口的方向转动左脚。
6. 将左脚放在右脚前。
7. 寻找障碍物。
8. 确定你是否在楼梯的顶部。
9. 如果你不在楼梯的顶部，转动右脚朝楼梯口方向。
10. 将右脚放在左脚前面。
11. 重复步骤 1 到 10，直至你到达楼梯顶部。

你都已经写了 11 条指令了，机器人甚至还没有开始下楼梯，更不用说拿三明治了！

一个真正的计算机程序，告诉一个机器人下楼，拿一个三明治，需要包含比此处显示的更为详细的说明。在沿途的每一步，每个电机都需要被告知精确的打开时间、可能会遇到的情况以及需要进行详细描述和处理的障碍物。

所有这些指令都需要被写成单独的 JavaScript 命令或语句。

通过访问 NodeBots 相关网站，你可以找到更多关于如何使用 JavaScript 控制机器人的知识！

写一条语句

在英语中，我们用句子交谈。在 JavaScript 中，单一的计算机指令被称为一条语句

（statement）。像句子一样，语句也由不同的部分组成，并且必须遵循一定的规则，以便能够被理解。

列表 2-1 显示了一个语句的例子。

列表 2-1 JavaScript 语句

```
alert("Coding is fun!");
```

这句话将使 Web 浏览器打开一个写着"Coding is fun！"的警告窗口。如果在 Chrome 浏览器的 JavaScript 控制台中输入此语句，将会看到如图 2-1 所示的场景。

图 2-1

一条 JavaScript 警告
语句的输出

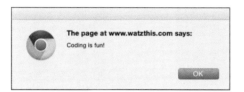

注意，表 2-1 中的语句包含一个关键词、一些符号（括号和引号）和一些文本（Coding is fun！），并以分号结束。

正如无限多的句子可以用英文撰写一样，无限多的语句也可以用 JavaScript 编写。

alert 是一个 JavaScript 关键字的例子。很多 JavaScript 语句以关键字开始，但并不是全部。

分号是一个语句和另一个语句的区分，就像句号从一句话区分另一句话一样。每条语句都应该以分号结尾。

遵守规则

如果你想让计算机懂你的意思，就必须遵守 JavaScript 的一些规则。前两条规则是：

- 拼写计数。
- 空格不计数。

让我们再逐条查看这些规则中的细节。我们将写一个新的消息打印机程序，以作为一个例子。列表 2-2 是一个 JavaScript 程序，将打印出 300 条"Coding is fun！"。

列表 2-2   一个打印出 300 条消息的程序

```
for (var i = 0; i < 300; i++) { document.write ("Coding is
          fun!"); }
```

按照这些步骤来测试这个程序：

1. 打开 Chrome 浏览器。

2. 在 Chrome 浏览器菜单下面的更多工具（More tools）处打开 JavaScript 控制台（Console）。

你也可以通过组合键来打开 JavaScript 控制台（Console）：按 ⌘+Option+J (Mac) 或 Ctrl+Shift+J(Windows)。

3. 在 JavaScript 控制台中输入表 2-2 中的程序，并将其排列成一行，之后按 Return 键 (Mac) 或 Enter (Windows) 键。

如果输入正确，在浏览器窗口中将会出现 300 条消息，如图 2-2 所示。

图 2-2

表 2-2 程序的运行结果

这个"Coding is fun！"程序使用一种被称为 for 循环的技术，用一点点代码来做很多次的事情。在第 17 章和 18 章将更多地讨论 for 循环。

仔细查看表 2-2 中的程序。请注意，被写入浏览器窗口中的文本是用引号括起来的。引号表明该文本将被视为单词，而不是 JavaScript 代码。

在字符串中使用文本

在编程中，我们将引号内的一段文字称为一个字符串（string）。你可以通过想象引号内的文本看起来像字母、数字和符号绑在一起的字符串（string）来记住它。这些字母保持相同的顺序，每一个都占用了字符串一定量的空间。例如，在 JavaScript 控制台输入列表 2-2 中的代码，但将"Coding is fun！"变成另一个消息，如你午餐或晚餐想吃什么。图 2-3 显示了将列表 2-2 程序的消息改为"I want pizza for lunch！"时的输出。

任何你可以输入的字符都可以放在字符串中。然而，有一个重要的例外，你需要记住：如果你想在字符串中用一个引号，一定要告诉 JavaScript 引号是字符串的一部分，而不是字符串的结尾。

把引号用在字符串内的方法是用一个反斜杠（\）放在引号前。在字符串中使用反斜杠是告诉 JavaScript 下一个字符很特别，并不意味着它通常的意思。给字符串中的引号添加一个反斜杠就叫转义（escaping）引号。

例如，如果你想改变这个字符串：

```
Joe said, "Hi!"
```

图 2-3
更改字符串只改变特定的字符串

你需要将字符串写为这样：

```
"Joe said, \"Hi!\""
```

列表 2-3 显示了在消息中使用转义引号字符的消息打印机程序。

列表 2-3   转义引号字符

```
for (var i = 0; i < 300; i++) { document.write ("Joe said,
        \"Hi!\""); }
```

你可能会问自己，"如果反斜杠是用来告诉 JavaScript 下一个字符是特殊的，那我怎么打印出一个反斜杠？"问得好！答案是为每一个你需要打印出的反斜杠使用两个反斜杠 (\ )。

与 JavaScript 中的大部分情况类似，还有另一种在一个字符串中使用引号的方式：通过用不同的引号围绕字符串。JavaScript 不在乎你使用单引号 (') 或双引号 (") 来将文本标记为字符串，只要你在字符串的开始和结束使用相同类型的引用即可。

如果你用单引号来围绕字符串，那么在字符串内可以使用没有转义的双引号。但是，如果是单引号就必须转义。

如果你用双引号来围绕字符串，那么在字符串内可以使用没有转义的单引号。但是，如果是双引号就必须转义。

列表 2-4 显示了用单引号围绕且字符串内有双引号的消息打印机程序。

列表 2-4   双引号括在单引号内

```
for (var i = 0; i < 300; i++) { document.write (' Joe
        said, "Hi!" '); }
```

在代码中使用文本

与字符串不同的是，引号外的文本内容和拼写相当重要。在 JavaScript 中当文本不被引号（单引号或双引号）包围时就会被认为是 JavaScript 程序代码的一部分。

JavaScript 代码关于大小写的拼写非常挑剔。在 JavaScript 代码中，下面的单词是完全不同的：

```
FOR
for
For
```

只有中间的单词对 JavaScript 来说意味着特殊的含义。在消息打印机程序中，如果尝试使用其他两个单词，将会看到如图 2-4 所示的错误。

for 的特殊意义将在第 17 章中解释。

JavaScript 对拼写很挑剔。很多时候，在编码过程中遇到一些东西不对时，这个问题往往是我们不小心漏写了一个字母或混淆了两个字母的顺序。

图 2-4
利用 JavaScript 错误
关键字产生的错误

正如在写作中往往被忽视的错误，这些错误很难被发现，所以就长远来看，从一开始就养成慢条斯理和小心翼翼的打字习惯，你会节省很多时间！

注意空白

空白是指程序中所有空格、制表符和换行符。JavaScript 忽视代码中文字与文字之间和文字与符号之间的空白。例如，在消息打印程序中，我们可以通过间隔出来多行让人们更容易阅读，如列表 2-5 所示。

列表 2-5　**空白使程序更容易阅读**

```
for (var i = 0; i < 300; i++) {
  document.write ("Coding is fun!");
}
```

列表 2-5 显示了我们建议的间隔开这个程序的方式。

注意，我们在前花括号后（{）和后花括号之前（}）插入了换行符。大括号用于分组代码段（也称语句），代码段组合在一起被称为代码块。在这个程序中，它们标记了程序中会重复 300 次的部分，即打印出的消息。

大括号是一个放置空格的好地方，以帮助你更容易阅读代码。另一个放置换行符的好地方是在每个分号（;）之后。在 JavaScript 中，分号用来标记一个语句的结束，就像句号用来标记一个英文句子的末尾一样。

在 Chrome 浏览器的 JavaScript 控制台尝试运行一个三行程序，如果在第一行后面按 Return 键（Mac）或 Enter（Windows）键，将会得到一个错误消息。这是因为每次你按下 Return 或 Enter 键，控制台都试图运行你的代码，而第一行（结尾 {）不是一个完整的 JavaScript 语句。要将有换行符的代码输入到控制台中，需要在前两行的后面按 Return 键或 Enter 键的同时按住 Shift 键。

注意花括号之间的语句缩进。缩进可以帮助人们阅读代码，一看就知道该语句发生在另一个语句中，即 for 语句创建循环。

我们建议使用两个空格或四个空格来缩进语句。有些人使用制表符缩进语句。至于使用哪种方法取决于你自己。一旦决定，就要坚持下去。如果在一个代码块中使用了两个空格来缩进，就不应该再使用四个空格或制表符。整洁很重要！

写注释

JavaScript 注释是一个可以把文字写入程序的方式，它不是一个字符串或一个声明。这听起来可能没有那么棒，但注释如此重要和有用，恰恰是因为它们不触发 JavaScript 做任何事。

程序员在他们的代码中使用注释有以下几个原因：

✔ 告诉未来的自己和将来要在这个项目工程中工作的人他们为什么用了特殊的方式。

✔ 描述他们写的代码是如何工作的。

✔ 给他们自己留一个说明，告诉他们仍然需要做的或列出他们打算在以后需要改进的。

✔ 为了防止 JavaScript 语句运行。

JavaScript 有两种不同的注释：单行和多行。

✔ **单行注释**：单行注释使跟在它们后面的同一行的内容成为一个注释。使用双斜杠（ // ）背靠背创建一个单行注释。例如，在列表 2-6 中前三行都是单行注释，第四行包含一个将要执行的语句，后面跟着一个注释。

✔ **多行注释**：多行注释是指注释可能超过一行。创建一个多行注释时，使用 / * 开始，使用相反的 * / 结束。列表 2-7 展示了一个多行注释的例子。

列表 2-6 单行注释

```
// The following code won't run.
// alert("Watch out!");
// The next statement will run.
alert("Have a nice day!"); // pops up a nice message
```

列表 2-7 多行注释

```
/*

    AlertMe, by Chris Minnick and Eva Holland

    A program to alert users that they are
    using a JavaScript program called AlertMe,
    which was written by Chris Minnick and Eva
        Holland.
*/
```

第 3 章
给予和接收数据

程序有不同的大小，以及不同的用途。这里有三个所有程序的共性：

- 一种从用户接收信息的方法
- 一种将信息反馈给用户的方法
- 一种在给予和接收之间存储和处理信息的方法

程序从用户接收的信息或数据被称为**输入**。程序返回给用户被称为**输出**。在一个程序接收输入和产生输出的一段时间内，需要一些方法来存储和处理已经输入的不同种类的数据，以便产生输出。

给予和接收数据哪个更好的问题并不重要，因为它们都好。在本章中，将学习 JavaScript 怎么很简单地帮你获得、接收数据。

Dear Eva,

We are pleased to inform you that your song, 'Can't Stop Coding!,' has been voted the Best Song of All Time by the awarding committee.

Sincerely,
The Grammy Awards

掌握变量

在现实生活中，当你想存储一些东西、送一些东西（例如，作为一个礼物）、移动一些东西或整理一些东西时，经常会把它放在一个盒子里。

JavaScript 不关心巧克力或最新款运动鞋的心形盒子。JavaScript 爱的是数据。为了存储和移动数据，JavaScript 使用一种特殊的盒子（称为**变量**）。变量是一个盒子，你可以给它分配一个名称。此名称将代表包含在盒子中或变量内的所有数据。

变量使同一个程序可以处理不同的输入，以产生不同的输出。

创建变量

在 JavaScript 中创建变量很简单。创建一个变量，要使用 var 关键字，后面跟变量名，然后是一个分号，例如：

```
var book;
```

一个程序员在命名变量时可以有很大的灵活性。你可以很有创意地命名变量，但不要太疯狂。最重要的是，变量名应该能够准确地描述出在它们里面存储的数据。在下面的变量声明中，每个都会创建一个具有良好描述性名称的变量。看着他们，你大概可以猜出存储在里面的数据的样子。

```
var myFirstName;
var favoriteFood;
var birthday;
var timeOfDay;
```

注意在第一个单词后面我们是如何使用大写字母来区分不同单词的。变量名不能使用空格，所以程序员创建了几种区分单词的方式。这种特殊的风格被称为**驼峰**（camelCase）。你能猜出它为什么叫这个名字吗？

看过这些例子之后，你会怎样命名存储以下数据的变量？

✔ 你宠物的名字。

✔ 你最喜欢的学校科目。

✔ 你最好朋友的年龄。

✔ 你的街道地址。

除了变量名称不能包含空格的规则，还有几个其他的规则，你必须遵循：

✔ 变量名必须以字母、下划线（_）或者美元符号（$）开头。

✔ 变量名只能包含字母、数字、下划线或者美元符号。

✔ 变量名是大小写敏感的。

✔ 某些单词不能被用作变量名，因为它们在 JavaScript 中有其他意义，这些是**保留字**（reserved words），具体如下：

break	case	class	catch
const	continue	debugger	default
delete	do	else	export
extends	finally	for	function
if	import	in	instanceof
let	new	return	super
switch	this	throw	try
typeof	var	void	while
with	yield		

在变量中存储数据

创建了一个变量之后，可以在其内部存储任何类型的数据。数据在那里之后，你可以随时调用它。让我们尝试一下。

1. 在 Chrome 浏览器中打开 JavaScript 控制台。

2. 输入下面的代码，并按 Return (Mac) 或 Enter (Windows) 键，创建一个名为 book 的变量：

```
var book;
```

你已经创建了你的容器或变量，并将其命名为 "book"。当你按 Return 或 Enter 键后，JavaScript 控制台显示单词 undefined。这正是你所希望发生的。JavaScript 只是告诉你，你的代码运行正确，并没有其他事情要告诉你。

JavaScript 要告诉你的是，它并没有什么事要告诉你，这看起来很好笑。但是，相信我们，这是它告诉你一些事情比较好的方式，即使是 undefined 也比冷落你或者什么都不说好。

3. 通过输入下面的代码将一个值放入你的新变量中。

```
book = "JavaScript For Kids For Dummies";
```

现在已经把数据存储在变量中，它将被保存在里面。

当按 Return 或 Enter 键后，JavaScript 将返回书名。

第一次创建和命名变量时只需要输入 **var**。当想改变变量里面的值时，只需要变量的名字即可。

4. 暂时忘记本书的名字。明白了吗？现在，想象一下，你需要记得这本书的名字，以便可以告诉你的朋友！要在一个变量中调用数据或值，只需在控制台中输入变量的名称即可。所以，输入以下内容：

```
book
```

控制台会回忆分配给 book 变量的字符串并打印出来，如图 3-1 所示。

图 3-1
打印出赋给一个变量的值

注意我们没有用分号（;）输入的时候，我们只需在 JavaScript 控制台中使用变量名。变量名称并不是一个完整的 JavaScript 语句，所以它不需要一个分号。我们只是在问 JavaScript 变量的值，就好像问过它的 1 + 1 等于多少。

5. 在 JavaScript 控制台中尝试通过输入以下语句来改变 book 变量的值：

```
book = "The Call of the Wild";
```

6. 在 JavaScript 控制台中输入 **book** 来获取它的新值。

控制台打印出"The Call of the Wild"（或者任何你给 book 变量输入的新值）。

除了文字，变量也可以容纳其他几种不同类型的数据。在下一节中将向你展示每个基本（也被称为原始（primitive））的 JavaScript 能够理解的数据类型。

一个变量中的数据也可以被称为一个变量的值（value）。

理解数据类型

JavaScript 变量只有一个作用——保存和存储数据，并且把这个工作做得相当不错。使用和创建变量很简单。世界上有许多不同类型的数据，如数字、字母和日期。JavaScript 对这些数据和其他各种类的数据做了一些重要的区分，作为一个程序员，你需要了解这些。

数据类型使程序知道 03-20-2017 是一个日期（2017 年 3 月 20 日）还是一个数学问题（3 减去 20 减去 2017 的结果）。

JavaScript 识别三种基本数据类型：字符串（string）、数字（number）和布尔（Boolean）。

字符串数据类型

字符串数据类型存储文本。我们将在第 2 章中解释字符串工作的基础知识，除了存储和打印，字符串还有一些其他非常酷的技巧。

一个很酷的字符串技巧是计算字符串由多少个字符组成。做到这一点的方法是在字符串后面或者存储了字符串的变量后面用 .length。

例如，要得到上一章中创建的变量 book 存储的字符串长度，在控制台中输入 **book.length**。控制台将立即响应一位数字，如图 3-2 所示。

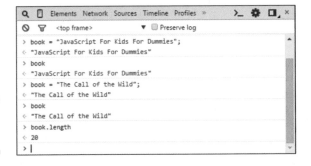

图 3-2
获取字符串长度

每一个字符串甚至每一个空字符串都有一个长度。空字符串的长度是 0，因为它是一个描述字符串的内容，我们称 length 为字符串的一个属性（property）。

当人们谈论 JavaScript 时，你会看到单词 property 被广泛使用。属性是某事物的描述或是某事物的一部分。例如，一辆车的颜色是这个车的属性，一个人的名字是这个人的属性，一个字符串的长度是这个字符串的属性。

除了找出存储在变量中的字符串的长度，你也可以直接对引号内的字符串附上 length 属性来获取它的长度：

```
"I am a string.".length
```

数数这句话的字母数。有 10 个，（ 如果算上在句末的句号，就是 11 个 ）。但是，当你进入 JavaScript 控制台输入这个命令时将会得到 14。你知道为什么吗？

字符串中的空格和字符串中的字母、标点符号、符号和数字一样也会被计数。使用我们在第 2 章做的比喻，这一切对 JavaScript 来说都只是字符串的一小节（ 有 14 个字符是准确的 ）。

除了属性，字符串也有它们可以做的事情，或者可以对它们做的事情。在编程中，我们称这些事情可以用它的方法（ methods ）来完成。

字符串最常用的方法是 indexOf。indexOf 的作用是查找字符串中的某个字符或者字符组，并告诉你它们的位置。在下面的语句中我们查找单词 am 在字符串中的位置：

```
"I am a string.".indexOf("am");
```

在控制台中运行此句的结果是 2。尝试重新输入命令，但这一次大写字母 I。

```
"I am a string.".indexOf("I");
```

结果是 0。

这给我们带来一个在 JavaScript 中非常重要的概念，称为从零开始计数。不同于人类，我们有 10 个手指并且一般从 1 开始数，JavaScript 从 0 开始数。所以，在前面的例子中，当 JavaScript 想告诉你 I 是字符串中的第一个字符时，它将告诉你 I 的位置是 0。

如果 JavaScript 是一个运动队，它们将自豪地穿上写着 "我们是 0 号！" 的衬衫。

数字数据类型

另一种 JavaScript 能够理解的数据类型是数字数据类型。数字可以是正的或负的，也可以是整数或小数。数字存储在变量中时不使用引号。

JavaScript 中使用的数字范围可以从非常非常小到非常非常大。我们现在不会用一堆零来烦你，但是在 JavaScript 中可以使用的最大数字远远大于宇宙中恒星的数量。它甚至比宇宙中原子（ atoms ）的数量还要大！JavaScript 可以做任何你想让它做的数学问题或计数问题。

然而，有一点要注意，即当你尝试把两种不同的数据类型（ 如字符串和数字 ）结合在一起时将会发生什么。

JavaScript 通常会尝试让自己变聪明。如果你打开控制台并输入 "10" + 10，

JavaScript 将认为这两个数据都是字符串，并把它们放在一起，返回给你结果 1010。

另一方面，如果你输入 **10 * "10"**，JavaScript 将会认为你的意思是字符串 "10" 实际上是数字 10，并且给你结果 100。JavaScript 之所以这样做，是因为它知道没有办法把两个字符串相乘。

布尔数据类型

布尔数据类型可以存储两个可能的值之一：`true` 或 `false`。布尔值是 JavaScript 中做比较运算的结果，在本书的第 5 章将对其进行详细介绍。如果你问 JavaScript 类似于 "3 是否等于 30" 的问题，它将响应一个 false 布尔值。

布尔数据类型以数学家 George Boole 的名字命名，所以它总是大写。

让我们用布尔值做一些实验。打开 JavaScript 控制台，尝试输入下面的每个语句，并在每句后面按 Return 或者 Enter 键来查看结果。请注意，在每行语句后面我们都使用了单行注释来解释这条语句的含义。你并不需要将注释输入到控制台中，但是如果你想的话，也可以。

```
1 < 10 // Is 1 less than 10?
100 > 2000 // Is 100 greater than 2000?
2 === 2 // Is 2 exactly equal to 2?
false === false // Is false exactly equal to false?
40 >= 40 // Is 40 greater than or equal to 40?
Boolean (0) // What is the Boolean value of 0?
Boolean (false) // What is the Boolean value of false?
"apples" === "oranges" // Is "apples" exactly equal to
           "oranges"?
"apples" === "apples"  // Is "apples" exactly equal to
           "apples"?
```

除了那些你认为是假的说法之外，JavaScript 也认为下面的值是假的：

```
0                      null    undefined
""   （一个空字符串）    false
```

提示用户输入

你已经知道了变量是如何存储不同类型数据的，现在让我们来看一下从用户获取数据并存储到你的变量里面的过程。

　　向用户索要数据的一种方法是通过使用提示（prompt）命令。尝试提示命令，打开 JavaScript 控制台，输入以下内容：

```
prompt("What is your name?");
```

　　当按 Return 或 Enter 键后，一个带有文本的弹出窗口将会出现在浏览器中，如图 3-3 所示。

　　当输入姓名、单击了 OK 按钮之后，弹出窗口将会消失，并且你在弹出窗口中输入的姓名将会出现在控制台中，如图 3-4 所示。

　　如果想像鹦鹉一样获取数据后立马重复一遍，那么这一切都是很美好的。但如果你想通过用户输入的数据做些什么呢？要做到这一点，需要先将它存储在一个变量中。

图 3-3

提示用户输入

图 3-4

显示你的名字

存储用户输入

　　要存储用户输入的数据到变量中，需要先创建一个新的变量再使用 =，然后接着提示语句。

```
var username = prompt("What is your name?");
```

需要着重注意的是，在 JavaScript 中一个等号（＝）被称为赋值运算符。它的作用是将右边的值赋给左边的变量。在第 9 章中我们将更多地讨论运算符。

当按 Return 或 Enter 键时会像前面一样在浏览器中弹出一个窗口。

当你在窗口中输入姓名、单击 OK 按钮后，JavaScript 控制台打印出来 undefined，表明语句完成了，并且没有其他的事情可做。

要查看刚刚输入的值，可以将变量名输入到控制台中。JavaScript 响应的变量值如图 3-5 所示。

图 3-5

从提示获取变量的值

响应输入

既然你已经知道了如何从用户那里得到数据以及如何存储这些数据，现在就让我们来看看使用 JavaScript 响应用户输入的两种方式。

使用 alert()

alert() 命令将会在用户浏览器中弹出一个包含括号内所有数据的通知框。如果想展示一个包含简单字符串的通知框，可以在 alert 后跟随一个包围在（和）之间的消息。

例如，在 JavaScript 控制台中输入以下语句：

```
alert("Good job!");
```

当按 Return 或 Enter 键后，浏览器会展示一个包含"Good job!"的通知框。

通过在括号内输入没有引号的数字，可以在提示框中显示数字。例如，试试这条语句：

```
alert(300);
```

通知框显示数字 300。你甚至可以在通知框里面做数学运算。例如，尝试这条：

```
alert(37*37);
```

弹出框显示 37 乘以 37 的结果。

如果你在括号内放一个没有引号的单词，JavaScript 将会把这个词作为一个变量。尝试运行以下两条语句：

```
var myNameIs = "your name";
alert(myNameIs);
```

浏览器弹出一个包含你名字的窗口。

通过将不同的数据类型组合成一个 alert 语句，就可以开始做一些真正有趣和有用的东西。例如，尝试在 JavaScript 控制台输入以下每个语句，一次一句：

```
var firstName = "your name";
var yourScore = 30;
alert("Hi, " + firstName + ". Your current score is: " +
            yourScore);
```

正如你所看到的，通过使用 alert（ ）可以创建各种有趣的弹出窗口通知框，并告知用户，如图 3-6 所示。

图 3-6
创建有趣的弹出窗口

对象的特殊生活

对象是 JavaScript 中一种特殊的数据类型，就像数字和字符串一样。然而，对象是灵活的，可以使用属性和方法来存储任何数据。你可以想象 JavaScript 对象是现实世界中的物体。例如，在现实世界中你可以有一辆黄色的卡车。在 JavaScript 中，这辆黄色的卡车

对象有黄色这个颜色属性，我们可以这样写：

```
truck.color="yellow";
```

卡车也将有一个方法，称为 method，我们会像这样写：

```
truck.drive();
```

使用 document.write()

在 JavaScript 中，一个网页被称为一个文件（document）。当使用 JavaScript 改变当前网页上的东西时，需要告诉 JavaScript 改变文档对象。

改变当前网页的一个方法是使用 write 方法。

方法是指可以完成一些事情或者一些事情可以被完成。

每一个文档（或网页）都有一个 write 方法，该方法会将方法名字后面括号里面的内容全部插入网页中。你可以像使用 alert() 的方法一样，使用 document.write()。例如，打开一个新的空白的浏览器窗口，并在 JavaScript 控制台中尝试输入以下语句：

```
document.write("Hi, Mom!");
document.write(333 + 100);
```

注意，第一条语句右边直接被添加了下一条语句，中间没有一个行中断或空格。你可以在使用 document 写文本之前或之后通过字符
 添加换行符，例如：

```
document.write("How are you?<br>");
document.write("I'm great! Thanks!<br>");
document.write("That's awesome!");
```

要清除浏览器窗口中的当前内容，可以在浏览器地址栏中输入 **chrome://newtab** 或打开一个新的浏览器标签。

进入 JavaScript 控制台输入这三行语句的结果如图 3-7 所示。

 是一个 HTML 标记。在第 5 章中将讨论更多关于 HTML 的内容。

图 3-7

三行在浏览器中的
文本

结合输入和输出

现在，让我们结合输入和输出来根据用户的输入显示特定的输出。这个真的是
JavaScript 可以对网页做的核心工作！

遵循这些步骤在 JavaScript 控制台中 Web 浏览器内创建一封给自己的信，确保在
每条语句后面（每一个分号之后）都要按 Return 或 Enter 键。

1. 输入以下命令来创建一个包含你名字的变量。

```
var toName = "your name";
```

2. 输入以下内容来创建一个包含发件人姓名的变量：

```
var fromName = "The Grammy Awards";
```

你可以将 The Grammy Awards 换成任何你希望写给你信的人。

3. 将信件内容输入到一个变量中。

使用
 来添加换行符，并且在输入分号之前不要按 Return 或 Enter 键。

这是我们想写的那封信：

```
var letterBody = "We are pleased to inform you that your song,
            'Can\'t Stop Coding!,' has been voted the Best Song
            of All Time by the awarding committee.";
```

4. 输入 document.write() 语句来输出信的每一部分内容。

例如：

```
document.write("Dear " + toName + ",<br><br>");
document.write(letterBody + "<br><br>");
document.write("Sincerely,<br>");
document.write(fromName);
```

当你的信完成后，应该像图 3-8 所示一样展示给我们。

图 3-8

在浏览器中显示的一
封完全定制的信

第 4 章
修改 Web 应用程序

在 1 章中，我们讲解和演示了 JavaScript 控制台。在第 2 和 3 章中，我们向你展示了如何将多个语句组合在一起以形成一个程序。在本章中，我们将提高一个档次，向你介绍我们最喜欢的 JavaScript 的游乐场：JSFiddle。除了秋千和滑梯，你将会与 JavaScript 语句、HTML 标记和 CSS 样式玩耍。

JSFiddle 允许你在网页浏览器中写和调试 JavaScript 代码。你可以用它来尝试获取代码、获得代码反馈、分享代码，甚至与其他程序一起工作！你也将学习如何使用 JSFiddle 查看、修改、保存和共享 JavaScript Web 应用程序。

你可能想知道我们所说的 Web 应用程序的意思。一个 Web 应用程序（或 web app）是一个在浏览器中运行的软件，并且通常是由 JavaScript 编写而成的。例如，你可能已经很熟悉的谷歌地球（Google Earth）就是一个流行的 Web 应用程序。它可以通过高分辨率照片查找并显示出几乎所有地球上的地方。谷歌地球也是一个网站（website），因为你可以通过一个网络地址或者 RUL 访问它。JSFiddle 到底是一个 Web 应用程序，还是一个网站，或两者兼而有之呢？答案是两者兼而有之。实际上，每个 Web 应用程序都是一个网站。然而，并非所有的网站都是 Web 应用程序。

在本章中，将用 JSFiddle 来尝试一些动画。最后，你将有一个 JavaScript 泡泡机，可以定制和你想象的一样多的泡泡！这就是所谓的 JSFiddle，因为你可以用它来" 修改"JavaScript。现在，就让我们的修改开始吧！

介绍 JSFiddle

在开始学习 JSFiddle 之前，打开浏览器，搜索 JSFiddle，将会查找到 JSFiddle 网站，如图 4-1 所示。

JSFiddle 的用户界面窗口由三个面板组成，你可以分别在其中输入不同类型的代码，包括 HTML、CSS 和 JavaScript。在结果面板中将看到你输入到这些面板中代码的结果。左边的工具栏可以让你配置额外的选项，顶部工具栏有运行、保存和清理代码的按钮。

通过单击并拖动边框，你可以调整任何 JSFiddle 内的面板。

现在，我们主要关心的是 JavaScript 的面板。JavaScript 的面板与 JavaScript 控制台中的工作方式大致相同。对于 JSFiddle 来说，你输入的代码不会自己执行，直到你告诉它运行为止。

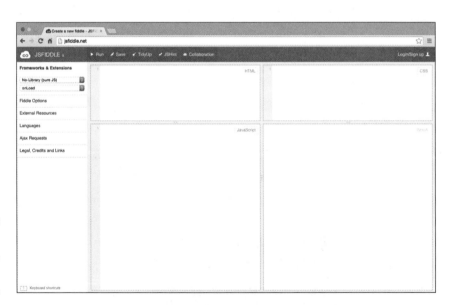

图 4-1

JSFiddle 干净，条块分割的用户界面

请按照下列步骤来运行你的第一个 JSFiddle 程序：

1. 单击 JavaScript 面板内部。

2. 输入下面的 JavaScript 语句：

```
alert("Hi, everyone!");
```

3. 单击上面工具栏中的运行（Run）按钮。

一个写着"Hi,everyone!"的弹出通知窗口将会出现。

4. 通过单击确定（OK）按钮来关闭弹出窗口。

这个简单的 JavaScript 程序的行为不足为奇。如果你读了本书的前三章，就应该已经熟悉 alert 语句是如何工作的了。

运行 JavaScript 并不是 JSFiddle 能做的唯一伟大的事情。通过 JSFiddle，你也可以使用 HTML 和 CSS 面板来和 JavaScript 代码一起运行工作！在接下来的几节中，我们覆盖这些面板的更多细节，展示它们的使用方法。但首先将会给出一个快速的示范，以展示 JSFiddle 能够做什么。

查看修改

我们将让你处在一个秘密中。本书中每一个程序都可在 JSFiddle 网站的 /user/forkids/fiddles 中进行查看、运行、复制和玩耍。没错！我们已经做了你的家庭作业！我们已经很好地为你格式化并测试了它们。

这是我们自己的 JSFiddle 公共面板。这个公共面板就是任何 JSFiddle 用户都可以与世界各地共享的程序（这被称为 JSFiddle 的"fiddle"。注意，本书以下均称其为"fiddle"）。

虽然我们已经敲完了每一个项目，但是你自己一步一步地完成每一个项目仍然很重要，这样你才会真正地理解它。为了充分利用这本书，你自己可以随意复制、修改，彻底颠覆和重写代码，来看看它能做什么！继续摆弄！

Playing with fiddles

在你被其他章节炫酷的项目冲昏头脑之前，先看看某些不属于这本书的程序。JSFiddle 允许任何人创建账户和在公共面板中分享程序——许多优秀的、经验丰富的 JavaScript 程序员都会这么做！

当程序员在 JSFiddle 分享自己的项目时，表示他们同意其他人复制、改变并重新发布他们的项目。然而，当你借用代码时，给原作者一些赞誉仍然是很有礼貌的表现。我们已经复制了以下程序，这样就可以保证当你查看时它们会是相同的。如果想查看程序的原作者，可以单击左侧导航栏的 Fiddle Options。

按照下列步骤来查看并运行一些令人惊叹的 JSFiddle 示例列表中的程序：

1. 打开 JSFiddle.net/user/forkids/"fiddles"，进入公共面板。

你会看到本书中所有例子和项目的列表。

你可能需要使用列表底部的页面导航来查看其他结果页面。

2. 找到一个你感兴趣的示例并打开它。

程序被打开后会自动运行。

如果找到了你感兴趣的程序，尝试弄清楚它是怎么工作的。改变一些值来看看将会发生什么。

任何你在 JSFiddle 中做的修改都不会影响原程序。你可以对其随意改变，并且不会带来任何伤害。最坏的结果无非就是这个程序运行不起来了。

利用 CSS

CSS 面板位于 JSFiddle 的右上角。在 JSFiddle 中除了可以写 JavaScript 外，还可以在在 web 应用程序中修改级联样式表（CSS）。CSS 允许你修改元素，如文本和图形的显示方式。如果你想改变网页上文本的颜色，就可以使用 CSS。

在第 6 章中我们将讲解 CSS 更多的细节内容。现在，按照这些步骤来尝试修改我们的一个程序。

1. 打开 JSFiddle 公共面板中的 vaj023L5 页面。

将会看到 Bubbles 示例，如图 4-2 所示。

2. 对屏幕中的四个主要领域一探究竟。

其中三个有一些代码，第四个区域正在显示气泡动画。你能通过阅读代码猜测这可能是做什么的吗？

3. 看看 CSS 面板（在右上角）。

将会看到三行代码。

4. 查找代码 border: 3px solid #FFFFFF; 并将其更改为 border: 8px solid #FFFFFF;

5. 单击顶部工具栏中的 Run 按钮，重新开始动画。

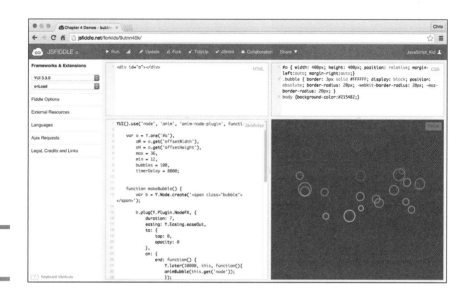

图 4-2

Bubbles 的演示

你会发现，气泡壁变得更厚了，如图 4-3 所示。

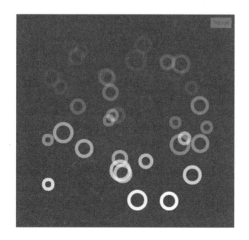

图 4-3

泡沫壁已经变厚

基于你刚刚做的改变和它对程序输出的影响，你认为 solid 语句是做什么用的呢？
为了找到答案，请尝试以下步骤：

1. 在 CSS 面板中，将 border: 后的第一个值变为一个较小的数字（ 如 2 或 3），然后单击 Run 按钮。

圆圈壁再次变薄。

2. 将 border: 后的第一个值变为以下单词中的一个：

- dotted
- dashed
- double
- groove
- ridge
- inset
- outset

3. 单击 Run 按钮，看看它做了什么。

此值告诉浏览器边框的样式应该是什么样的。图 4-4 显示设置为虚线（dotted）边框样式的气泡。

现在看看 border: 之后的第三个值，它目前被设定为 #FFFFFF。这个字符串代表气泡边框的颜色属性。

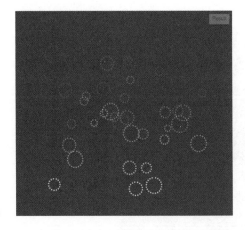

图 4-4
用虚线式的泡沫

在 CSS 中，颜色通常使用被称为十六进制的特殊代码写成，它采用三组范围从 00 到 FF 的值来告诉浏览器红、绿和蓝的值分别是多少。

在第 6 章中涵盖了详细的关于 CSS 颜色的内容。你还可以使用你所知道的许多标准颜色名称。一些最常见的并且 Web 浏览器能够理解的颜色名称如表 4-1 所示。

表 4-1   标准 HTML 颜色名称

颜色名称	十六进制值	色样
Aqua	#00FFFF	
Black	#000000	
Blue	#0000FF	
Fuchsia	#FF00FF	
Gray	#808080	
Green	#008000	
Lime	#00FF00	
Maroon	#800000	
Navy	#000080	
Olive	#808000	

续表

颜色名称	十六进制值	色样
Orange	#FFA500	
Purple	#800080	
Red	#FF0000	
Silver	#C0C0C0	
Teal	#008080	
White	#FFFFFF	
Yellow	#FFFF00	

按照这些步骤来改变气泡的颜色：

1. 在表 4-1 中，选择一个颜色名称或其十六进制值。

2. 在 CSS 面板中，用新值替换颜色值（# FFFFFF）。

3. 单击 Run 按钮。

新颜色将出现在结果窗口中。

修改 HTML

现在来看看在左上角的 HTML 面板。相较于 CSS 和 JavaScript 面板，这一个面板没有太多的内容！

HTML 将在第 5 章介绍，它创建网页的结构并承载 JavaScript 程序做自己的事情。在泡沫演示的示例中，HTML 只是提供了气泡进入的地方。

但是你还可以用 HTML 做更多的事情！对泡沫演示中的 HTML 进行一些修改，可以尝试以下操作：

1. 将光标定位在 `</div>` 后面，并输入下面的内容：

```
<h1>I love bubbles!</h1>
```

HTML 面板现在应该有下面的 HTML 代码：

```
<div id="o"></div><h1>I love bubbles!</h1>
```

HTML 代码实际上被称为 HTML 标记，在第 5 章将解释原因。

2. 单击 Run 按钮，查看结果面板中的更改。泡沫下面有了特殊的信息，如图 4-5 所示。

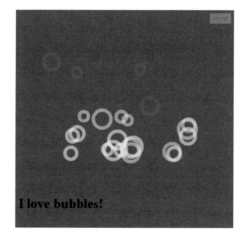

图 4-5
用七彩泡泡来表达一个特殊的信息

在 HTML 中，`<H1>` 和 `</H1>` 被称为标签。标签围绕的文本告诉浏览器该文本代表一些特殊的含义。在本例中，`<H1>` 表示第一级标题，网页上最大和最重要的头。

另一个非常有用的 HTML 标签是 `<p>` 标签，它标志着段落。按照下列步骤插入 `<p>` 标签：

1. 在 `</h1>` 标签后，按 Return（Mac）或 Enter（Windows）键移动到下一行。

2. 输入 `<P>`，然后输入所有你想要说的内容。完成后，通过输入 `</p>` 结束段落。

3. 单击 Run 按钮，查看结果面板中的更改。

修改 JavaScript

JavaScript 的面板在 JSFiddle 界面的左下部分，是真正有趣的事情发生的地方。

1. 在 JavaScript 的面板中，找到 max=36，并将其更改为 max=80。

2. 单击 Run 按钮。

许多泡沫，但不是所有的，都比以前大了。

基于改变了气泡最大值的行为，你能猜测到如果改变 min=12 将会发生什么吗？试试吧，看看你是不是对的！

如果你猜测 max 控制最大气泡的尺寸、min 控制最小气泡的尺寸，那么你绝对是正确的。图 4-6 在结果面板中显示了 max 和 min 分别设置为 80、20 的结果。

图 4-6

变化的 max 和 min
值改变了气泡的大小

JavaScript 面板中接下来的两行是 bubbles = 100 和 timerDelay = 8000。你可以利用已经使用多次的步骤来更改这些值：

1. 修改值。

2. 单击 Run 按钮查看改变的结果。

尝试改变这两个值，看看会发生什么。通过修改这些值（或者只是通过猜测），你会发现 bubbles 告诉我们应该创造多少个泡沫、timerDelay 与气泡的速度有关。

通过做实验，你能弄清楚到底 bubbles 和 timerDelay 的值是做什么的吗？

提示：timerDelay 的值是毫秒数（或千分之一秒）。所以，8000 毫秒等于 8 秒。将值更改为 10000，单击 Run，查看屏幕上的动作。然后，将值改为 1000，单击 Run，再观察一次。

如果你猜测 bubbles 控制有多少个泡沫将被创建、timerDelay 控制这些泡沫的速度有多快，那么你就是正确的！

创建一个 JSFiddle 账户

创建一个 JSFiddle 账户不是跟随本书学习的必然要求，但它会使观看和分享你的代码变得更容易。

按照下列步骤创建一个 JSFiddle 账户：

1. 单击顶部菜单中的 Fork 按钮。

当你基于别人的代码创建自己的程序版本时，被称为又分他们的代码。

2. 在浏览器地址栏中选中你的程序网址，并复制它，或者只是把它写在什么地方，以便在创建账户后使用。

3. 单击屏幕右上角的 Login/Sign Up 按钮。

出现登录页面，如图 4-7 所示。

4. 单击登录表单下的 Sign up 链接。

出现创建账户页面。

图 4-7

JSFiddle 的登录页面

5. 填写创建账户表格，然后单击创建一个账户。

出现编辑个人资料页面，如图 4-8 所示。如果你愿意，可以在这里进行修改并保存，但这不是必需的。

6. 单击屏幕上方的 Editor 链接。

JSFiddle 主要屏幕的右上角将出现你的新用户名。

7. 粘贴或输入在步骤 2 中保存的网址到浏览器地址栏中，然后按 Return 或 Enter 键。它将带你回到你的泡沫演示版本。

8. 再次单击 Fork 按钮，把你的程序版本链接到新的 JSFiddle 账户。

注意，现在浏览器地址栏中的 URL 中包含你的用户名！

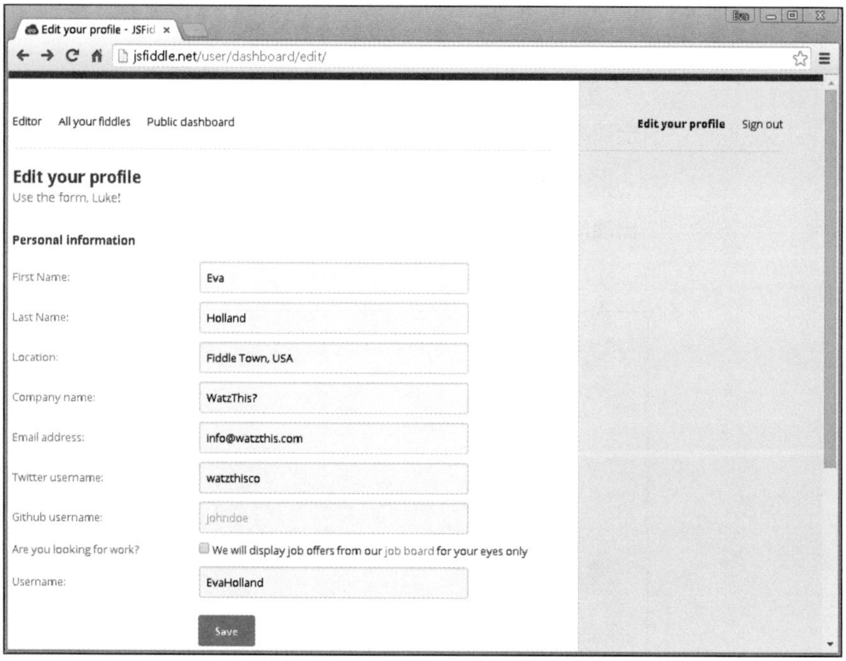

图 4-8

编辑个人资料页

分享你的修改

你已经创建了个性化的泡沫演示版本，现在是时候将它展示给你的朋友啦！

1. 单击顶部工具栏中的 Share 按钮。

你会看到复制泡沫示例工程地址选项、全屏幕方式观看选项和将程序分享到 Facebook 或 Twitter 选项。

如果你想将程序分享到 Facebook 或 Twitter，记得要 @ 我们（在 Twitter 上 @watzthisco 或者 www.facebook.com/watzthisco），我们会检查你的作品。

2. 在 Share 菜单中高亮显示全屏 URL，如图 4-9 所示，并按 ⌘ + C（MAC）或 Ctrl + C（Windows）或在浏览器中选择 Edit ➪ Copy 来复制链接。

图 4-9

高亮显示全屏 URL

3. 打开一个新的浏览器窗口标签 [按 ⌘ + T（Mac）或按 Ctrl + T（Windows）]，粘贴全屏地址到地址栏中。

气泡在屏幕上显示并且无代码面板。

如果泡沫演示示例在全屏模式下不工作，就尝试将浏览器地址栏中的 https 改为 http，并按 Return 或 Enter 键。

如果你想回到原始的 Bubble 工程，可以通过回到我们的公共主页 JSFiddle 中的 "fiddle" 来实现。

如果你想用自己的公共面板来保存 JSFiddle 项目，那该怎么操作呢？继续阅读！

保存你的应用程序

你有了自己的账号后就可以创建自己的公共面板了。

要在 JSFiddle 中创建自己的公共面板需要按照下列步骤操作：

1. 在你的屏幕上显示最新版本的 Bubble 应用程序，单击左侧导航栏中的 Fiddle Options。

Fiddle Options 菜单打开。

2. 输入 Bubbles 程序的名称。

可以是任何你喜欢的名字，但是我们建议名字中包含 bubbles，以便日后你看到名字时能想起它是做什么的。

3. 单击顶部工具栏中的 Update。

4. 单击顶部工具栏中的 Set as Base。

你每保存一次程序，JSFiddle 就为它创造一个新的版本。Set as Base 按钮将当前展示的版本作为别人通过公共面板连接到你的应用程序时展示的版本。

5. 单击你屏幕右上角的用户名，选择 Public Dashboard。

配有你的 Bubbles 程序版本的公共面板打开。公共面板应该类似于图 4-10。

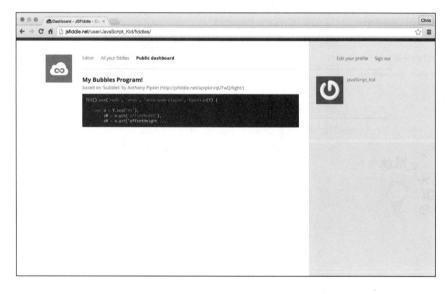

图 4-10

JSFiddle 上你自己的公共面板

网络动画

第 5 章
JavaScript 和 HTML

JavaScript 和网页的关系就像奶酪和比萨：你可以拥有其中之一而没有另一个，为什么呢？

JavaScript 为网页提供了根据用户输入来动态变化的能力。为了获得 JavaScript 和网页之间最大程度的一体化，你需要稍微了解一下网页是如何构建的。

在本章中，我们将探索网络编程语言——HTML 和如何使用 JavaScript 来改变网页内的 HTML。

Result

Eva

I'm learning to build dynamic web pages with JavaScript and HTML!

Things I Like

Here are some of the things I like to do:

- Write
- Dance
- Travel

Change Your List

编写 HTML

HTML 代表超文本标记语言。用一种奇特的方式说就是，HTML 是一种用于创建链接（超文本）的语言。尽管 HTML 的功能远不只是创建链接这么简单。

HTML 组成了附着在网页内的文本、图片和 JavaScript 代码的框架。

看看没有 HTML 时文本的样子

标记语言（如 HTML）是为了给文档（如信件、书籍或论文）添加计算机能够理解和运行的结构而被发明的。

列表 5-1 显示了一个人类可以理解的简单列表。

列表 5-1　一个列表

```
Things I Need
carrots
celery
spinach
```

作为一个人，你看到这个列表，立即就能理解它。但是对于计算机来说，这个列表有一些问题。例如，计算机不知道 Things I Need 是一个标题，而不是列表中的一行。图 5-1 是当你在 Web 浏览器中查看列表 5-1 的样子。

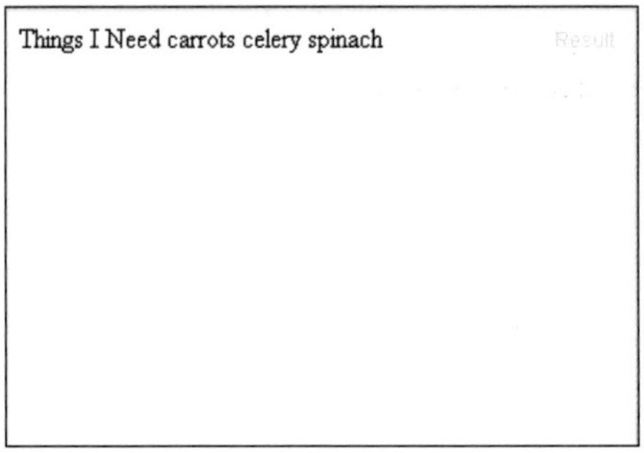

图 5-1
在 JSFiddle 中列表
5-1 以 HTML 呈现

为了能够使 Web 浏览器理解这段文本的意思，我们需要使用 HTML 将它标记起来。

使用 HTML：标签相关

HTML 由标签组成。衣服上的标签告诉你关于衣服的信息以及如何洗衣服。类似的，

HTML 中的标签告诉你关于网页内容的信息。

标签由尖括号（< 和 >）内的关键字组成，有两种基本类型：开始标签和结束标签。这里有一个开始标签的例子：

```
<p>
```

P 标签用来标记文档中的段落。大多数的开始标签也有匹配的结束标签。开始标签和结束标签的唯一区别就是结束标签名称之前有一个 /。例如，下面就是一个结束标签。

```
</p>
```

要使用标签，只需要将内容（例如文本、图片或者其他标签）放到开始和结束标签之间。例如，在 HTML 中标记一个文本段落：

```
<p>This is a paragraph of text. A paragraph has space
before and after it in order to separate it from the
other paragraphs of text in a document.</p>
```

当你有了一个开始标签、一个结束标签以及它们之间的内容时，我们将所有这些称为一个 HTML 元素。

HTML 有一堆你可以用来标注文档不同部分的标签。标签的例子有 `<p>` 标记段落，`<img >` 标记图像，`<audio>` 标记音频剪辑，`<video>` 标记视频剪辑，`<header>` 标记网页的头部和 `<footer>` 标记网页的底部。

列表 5-2 显示，列表 5-1 中的列表被标记为一个 HTML 文件，由标签和文本组成。

列表 5-2　**一个简单的 HTML 文件**

```
<html>
  <head>
    <title>My Grocery List</title>
  </head>
  <body>
    <h1>Things I Need</h1>
      <ol>
        <li>carrots</li>
        <li>celery</li>
        <li>spinach</li>
      </ol>
  </body>
</html>
```

图 5-2 展示了当你在 Web 浏览器中查看列表 5-2 内网页时的样子。现在好多了，对不对？

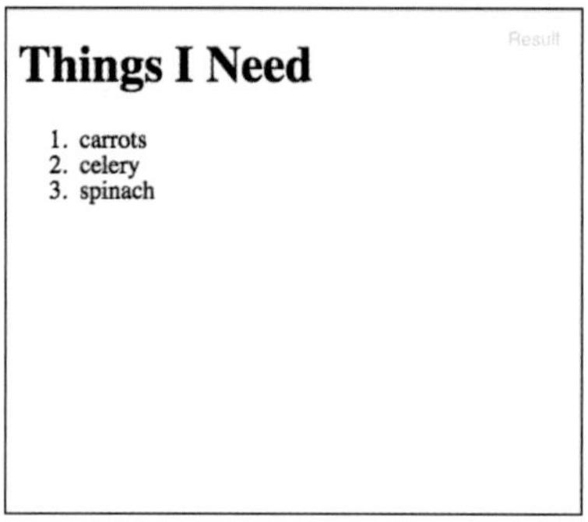

图 5-2

在 JSFiddle 中列表
5-2 以 HTML 呈现

注意,HTML 标记实际上不显示在 Web 浏览器中。相反,它们修改 web 浏览器如何显示文字、图片等。

看一个网页的基本结构

一旦你知道了它们是如何建成的,网页制作是很容易的。要知道的第一件事是,大多数的网页共享一个非常相似的基本结构,它们都必须遵守一些基本的规则。

创建 HTML 文件的第一条规则是,标签需要以正确的顺序打开和关闭。记住标签打开和关闭顺序的一种方法是 FILO,即先入后出。

注意,列表 5-2 中的网页以 `<html>` 标签开始,以 `</html>` 标签结束。这是每个网页都应该有的开始和结束方式。网页中的其他标签都在 html 标签 " 内",并且遵守 FILO 原则进行关闭。

例如,`<head>` 元素在 `<html>` 的内部。因此,head 的关闭标签必须在 html 关闭标签之前。`<ol>` 标签(它代表有序列表)在 `<body>` 之后,所以 `<ol>` 在 `<body>` 内,并且 `</ol>` 标签必须在 `</body>` 标签之前。

另一个创建 HTML 文件的规则是,网页总有一个 head 元素和一个 body 元素。

- **head 元素**:头元素类似于网页的大脑。JavaScript 代码经常放在 head 元件内,但它并不在 web 浏览器窗口中显示。

  在列表 5-2 中,head 元素内只有一个 title 元素。title 显示在浏览器窗口的顶部,或当你打开网页时显示在浏览器的标签页上。title 元素的内容也通常作为搜索结果中的链接显示。

- **body 元素**:body 元素存放你想在 web 浏览器中显示的一切东西。

  在列表 5-2 中,在 body 中有几个元素,让我们逐一查看:

- **h1　元素**：h1 元素可以用来标记网页中最重要的标题。标题通常用来标识文档或网页。例如，如果本章节是一个网页，第一个 h1 元素就会紧接在章节介绍之后，并写为"编写 HTML"。

- **ol　元素**：h1 元素之后有一个 ol 元素。ol 代表有序列表。有序列表是一个根据数字或字母进行特定排序的列表。HTML 也可以通过添加 ul 标签（无序列表）使用无序列表。

- **li　元素**：ol 元素之后有一个 li 元素（li 代表列表项）。在 ol 或 ul 内，可以使用任何数量的 li 元素来创建列表中的单个列表项。

创建你的第一个网页

请按照以下步骤在 JSFiddle 中制作出自己的列表。

1. 打开 web 浏览器并浏览到 `JSFiddle` 网站。

2. 在 JSFiddle 中拖放 HTML 面板边框，使其达到你喜欢的大小。

目前我们只在 HTML 页面中工作，所以一定要确保你舒适，并且拥有充足的空间。

3. 输入以下基本的 HTML 模板到 HTML 面板中。

```html
<html>
  <head>
    <title>HTML Template</title>
  </head>
  <body>
    <h1>A basic HTML template</h1>
  </body>
</html>
```

只要你输入 `<HTML>`，JSFiddle 就会给你一条警告消息，如图 5-3 所示，告诉你 `<html>` 已经包含在输出中了。这是怎么回事呢？原来基础的 HTML 模板是很基本的，JSFiddle 已经帮你把它放在那里了。感谢 JSFiddle！

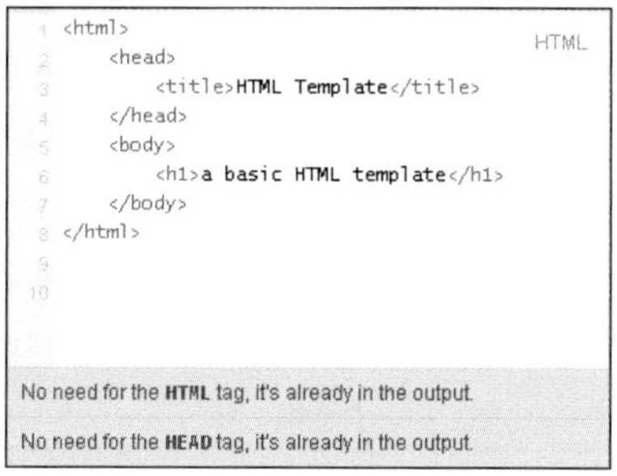

图 5-3
JSFiddle 显示了一条警告

4. 由于基本的模板已经存在了，因此接着删除 HTML 窗口的一切，除了 `<body>` 和 `</body>` 之间的内容（h1 元素）。

即使在 JSFiddle 工作时，不需要输入 `<html>`、`<head>`、`<body>` 元素，也要永远记住它们是每一个网页必不可少的部分。

5. 单击 Run。

`<h1>` 和 `</h1>` 之间的内容将会显示在结果面板中，像一个一级标题如图 5-4 所示。

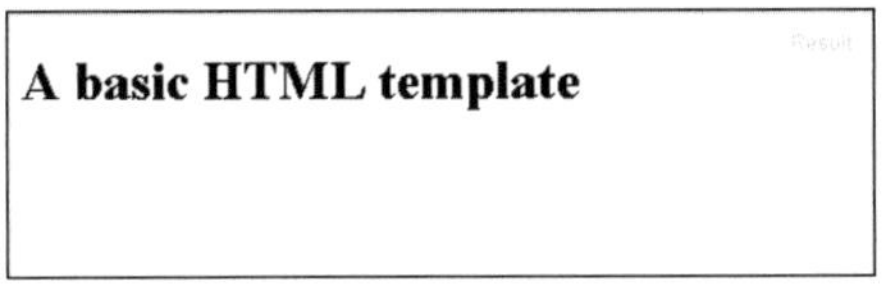

图 5-4
在 JSFiddle 中运行一个基本的 HTML 模板

A basic HTML template

了解 HTML 元素

HTML 有相当多的元素，因为这是一本讲解 JavaScript 的书，所以我们没有足够的空间逐一介绍其中的元素。但是，我们将覆盖足够多的元素，以允许你建立一些很棒的网页。对于剩下的，你可以去网上了解更多内容。

这里有一些关于 HTML 非常好的书，例如，由 Tittel 编写的《Beginning HTML5》和由 Chris Minnick(Wiley) 编写的《CSS3 For Dummies》。你还可以在网上找到 HTML 元素的完整列表。我们最喜欢的免费在线资源在 Mozilla 网站上。

表 5-1 列出了最常用的 HTML 元素以及对它们的描述。

表 5-1 　　　　　　　　　　　　最常用的 HTML 元素

元素	名称	描述
`<h1>` 到 `<h6>`	Headings（1 级到 6 级）	一个章节的标题
`<p>`	Paragraph	一个段落
`<em>`	Emphasis	给一个或多个字添加了重点。它们通常会在 web 浏览器中以斜体字展示
`<strong>`	Strong	代表强调，通常在 web 浏览器中以粗体显示文字
`<a>`	Anchor	一个链接

续表

元素	名称	描述
`<ul>`	Unordered list	无序列表
`<ol>`	Ordered list	有序列表
`<li>`	List item	有序或无序列表中的一个项目
`<img>`	Image	一个图像
`<hr>`	Horizontal rule	页面上的水平线
`<div>`	Division	一种将文档分成不同部分的方法

让我们给新的元素增加一些乐趣。我们将写一个关于你的有趣的网页！回到 JSFiddle，并按照下列步骤操作：

1. 删除 HTML 面板的所有内容，并单击 Run。

结果页面板现在应该是空白的。

2. 用 h1 元素为你的页面创建一个一级标题，并把你的名字写进去。

3. 在一级标题下放置一条水平线。

4. 添加一个 p 元素，并在开始和结束标记之间输入你最喜欢的名言，一条关于你自己的句子，或以下文本。

```
I'm learning to build dynamic web pages with JavaScript and
                HTML!
```

5. 把 em 元素放在你上一步输入的文本周围（在 p 元素内）。

6. 单击 Run。

如果紧随步骤操作，你的代码应该是这个样子的：

```
<h1>Eva</h1>
<hr>
<p><em> I'm learning to build dynamic web pages with JavaScript
        and HTML!</em></p>
```

输出看起来应该如图 5-5（当然有你自己的信息！）所示。

7. 创建另一条水平线，接着新起一个段落。

8. 创建一个 2 级标题（使用 h2 元素），把"Things I Like"放在里面。

9. 新起一个段落，并输入下面的文本：

```
Here are some of the things I like to do:
```

10. 创建一个有三个空白项的无序列表。

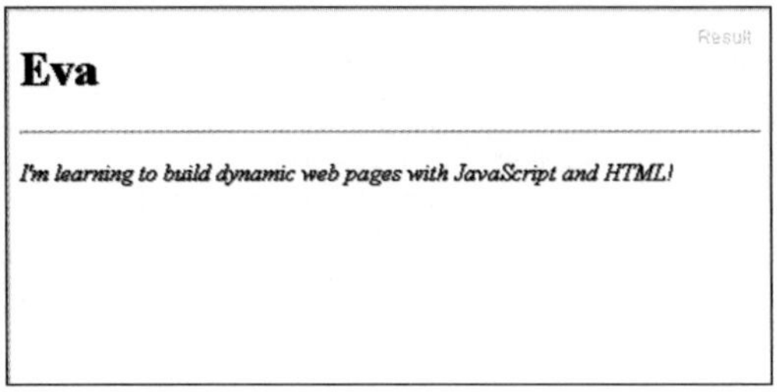

图 5-5

一个漂亮主页的开始

下面是代码:

```
<ul>
  <li></li>
  <li></li>
  <li></li>
</ul>
```

11. 将你喜欢做的事情放进每个列表项目中。

列表 5-3 显示了示例代码的样子。

列表 5-3　更新的主页

```
<h1>Eva</h1>
  <hr>
  <p><em>I'm learning to build dynamic web pages with JavaScript
          and HTML!</em></p>
  <hr>
  <h2>Things I Like</h2>
  <p>Here are some of the things I like to do:</p>
  <ul>
    <li>Write</li>
    <li>Dance</li>
    <li>Travel</li>
  </ul>
```

单击 Run，在输出面板中预览网页，看起来应该如图 5-6 所示。

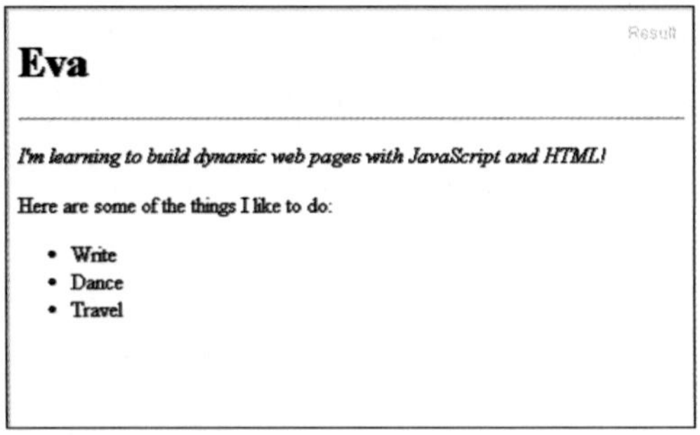

图 5-6

一个含有事物列表的
主页

添加属性元素

HTML 元素本身是相当强大的，它们可以让浏览器对你的内容做一些很花哨的内容。然而，HTML 还有另外一个厉害的地方可使 HTML 变得更好：HTML 属性！

HTML 属性是一种给 Web 浏览器提供更多对元素信息的方式。属性使用所谓的名称 / 值对的形式添加到元素中。例如，img 元素使用属性来标示应显示什么图片和文件未被找到时应该代替图片显示的内容：

```
<img src="picture.jpg" alt="Here's a picture of me">
```

在这个例子中，src 和 alt 都是属性。HTML 中的每个元素都具有可被添加其中的属性列表。一些属性，如 src 和 alt，改变一个元素的行为方式或它所要做的事情。其他属性，如 id 属性，只为浏览器提供有关元素的更多信息。

id 属性唯一标识文档中的一个元素。例如，你可以有任意数量的 li 元素，给每个 li 元素添加一个 id 属性，以便将其逐一区分……JavaScript 可以区分！

在即将到来的项目中，我们将使用相当多的 id 属性。

现在，让我们在你的主页中为 HTML 添加一些 id 属性。

1. 为 H1 添加一个 id 属性，以确定其为包含你的名字。

```
<h1 id="myName">
```

2. 找到两个 hr 元素之间的 p 元素，并修改开始标记添加 aboutMe 的 id：

```
<p id="aboutMe">
```

3. 为各列表项添加唯一的 id 属性：

```
<li id="firstThing"></li>
<li id="secondThing"></li>
<li id="thirdThing"></li>
```

当添加完 id 属性后，你的网页看起来应该类似于列表 5-4。

列表 5-4　**添加完 id 属性**

```
<h1 id="myName">Eva</h1>
<hr>
<p id="aboutMe"><em>I'm learning to build dynamic web
        pages with JavaScript and HTML!</em></p>
<hr>
<h2>Things I Like</h2>
<p>Here are some of the things I like to do:</p>
<ul>
```

```
    <li id="firstThing">Write</li>
    <li id="secondThing">Dance</li>
    <li id="thirdThing">Travel</li>
</ul>
```

在 JSFiddle 中单击 Run，预览网页。你应该注意到——。页面看起来和没有 id 属性时一模一样。是的，我们知道，这一点都不令人兴奋，但等你看到了 JavaScript 可以使用 ID 属性做什么呢？

使用 JavaScript 改变 HTML

通过使用 JavaScript，你可以改变 HTML 文档的任何部分，以响应浏览网页者的输入。在本节，我们将告诉你到底该怎么做。

但是，在开始之前，让我们先来看看在本节中将会使用几个概念。第一个是一个所谓的 getElementById 方法。

正如第 3 章所讨论的，一个方法就是可以对 JavaScript 对象做什么或通过对象能够完成什么。

用 getElementById 获取元素

getElementById 可能是 JavaScript 程序员直接作用于 HTML 最简单和最常用的方法。它的目的是在一个文档中定位一个单独的元素，以便你更改、删除或添加一些内容。

用于定位一个元素的另一个关键词是 selecting。

使用 getElementById，首先确定你要选择的元素有一个 id 属性，然后只需用下面的公式来定位元素：

document.getElementById("id-value")

例如，要选择 id 值为 myName 的元素，你可以使用如下代码：

document.getElementById("myName")

使用 innerHTML 获取元素中的内容

当你有一个元素时，下一个合乎逻辑的事情似乎就是改变它。

innerHTML 是每个元素的属性。它告诉你元素的开始和结束标签之间的内容，也可以让你设置元素的内容。

记住比较好

属性描述对象的一个方面，代表一个对象有什么，而不是一个对象可以做什么。

例如，假设你有一个类似于下面的元素：

```
<p id="myParagraph">This is <em>my</em> paragraph.</p>
```

你可以选择段落，然后用如下命令改变其 innerHTML 的值：

```
document.getElementById("myParagraph").innerHTML = "This
            is <em>your</em> paragraph!";
```

尝试一下：更改列表

现在你已经对 getElementById 和 innerHTML 有了一点了解，让我们再回头看看我们的 HTML 网页。

你将添加一个按钮和一段 JavaScript 代码到主页中，以便让你通过单击一个按钮就能改变你喜欢的内容列表。

1. 使用下面的 HTML 代码在列表下方添加一个按钮：

```
<button id="changeList" type="button">
  Change Your List
</button>
```

按钮元素会使浏览器在浏览器窗口中创建一个按钮，并将按钮内容设置为开始和结束标签之间的文本。

2. 在 JavaScript 中创建三个新的变量。

```
var item1;
var item2;
var item3;
```

这三个变量将被用来保存，写入网页之前用户输入的值。

3. 使用 JavaScript 时注意，单击按钮要添加到 JSFiddle 中的 JavaScript 中：

```
document.getElementById("changeList").onclick = newList;
```

我们使用了一个名为 getElementById 的方法来定位、一个 id 属性设置为 changeList 的元素。如你所知，这是按钮的 id 值。

当 JavaScript 找到按钮时，我们使用 onclick 事件处理程序，告诉它看管按钮单击事件。事件处理程序正是它听起来那样。它告诉 JavaScript 如何处理浏览器中不同类型的事件，在本例中是单击。

如果事件处理程序检测到单击按钮事件，我们就告诉它运行 newList 函数。函数就像一个工程中的程序。在第 12 章中我们将谈论更多关于功能的内容。现在，你需要知道的是函数直到"调用"它们之后才会运行。

4. 输入这些行，以询问用户新的列表项目：

```
function newList(){
  item1 = prompt("Enter a new first thing: ");
  item2 = prompt("Enter a new second thing: ");
  item3 = prompt("Enter a new third thing: ");
  updateList();
}
```

这个代码块的第一行是使它成为一个函数。它讲述了 JavaScript 直到调用函数（使用名称 newList）才会运行 { 和 } 之间的代码。

在功能中，我们使用 prompt 命令从用户那里收集了三个新的列表项。

最后，告诉 JavaScript 运行名为 updateList 的函数，我们将在下一步写。

5. 告诉 JavaScript 来更新三个列表项。

```
function updateList() {
  document.getElementById("firstThing").innerHTML = item1;
  document.getElementById("secondThing").innerHTML = item2;
  document.getElementById("thirdThing").innerHTML = item3;
}
```

updateList 函数找到每个使用它们 id 属性值的列表项，然后使用 innerHTML 方法将列表项开始和结束标记之间的值改为用户输入到 prompt 的值。

updateList 函数运行后，这三个列表项的值改为用户新输入的值。

完成之后，在 JavaScript 面板中的代码应与列表 5-5 匹配。继续进行之前，仔细检查代码以确保没有任何语法错误。

列表 5-5　HTML 网页应用程序最终的 JavaScript 代码

```
var item1;
var item2;
var item3;

document.getElementById("changeList").onclick = newList;

function newList() {
    item1 = prompt("Enter a new first thing: ");
```

```
    item2 = prompt("Enter a new second thing: ");
    item3 = prompt("Enter a new third thing: ");
    updateList();
}

function updateList() {
    document.getElementById("firstThing").innerHTML =
            item1;
    document.getElementById("secondThing").innerHTML =
            item2;
    document.getElementById("thirdThing").innerHTML =
            item3;
}
```

6. 单击 Run，尝试运行新程序。

如果你所做的一切都是正确的，现在可以单击按钮，在三个提示窗口中输入新的文字，然后看到最初的列表项被三个新的列表项取代，如图 5-7 所示。

图 5-7
最后可改变的列表程序

第 6 章
JavaScript 和 CSS

我们都有自己的风格。有的人可能喜欢穿着燕尾服出去运动，而有的人可能会更喜欢穿着白色牛仔裤和白色 T 恤呆在家里。潮流来来去去，今天看上去很流行的东西或许明天就会觉得很过时。

换衣服和改变个人风格给了我们自由改变自己的方式。虽然衣服改变了，但却没有改变自己本身的样子。

同样的道理，我们可以改变网页的外观，而不改变网页的内容和结构。

用来改变一个网页的风格语言被称为层叠样式表（CSS）。在本章中，我们将告诉你如何使用 CSS 来改变你的 web 应用程序的样式。

CSS 通过添加颜色、边框、背景和大小等元素来装扮你的网页。CSS 可以改变元件在屏幕上的位置，甚至可以控制特殊效果，如动画！

会见 JavaScript 的机器人 Douglas

在这个项目中，我们为一个名为 Douglas 的 HTML 机器人进行修改并添加样式。今天上午，我们从机器人工厂得到 Douglas。他的 JavaScript 技能是优秀的，不需要太多的维护（一个无时无刻都在发生改变的变量），会讲很好的笑话！

唯一的问题是，他的样子有点无聊！当然，他有一双漂亮的蓝眼睛，他的"I <3 JS！"的 T 恤非常酷。他不喜欢看起来像 Douglas 那样有趣和愚蠢，所以让我们给他一个独特的风格！

开始之前，打开你的浏览器，登录公共面板 JSFiddle 中的"fiddle"。然后按照以下步骤操作：

1. 找到 fiddle 第 6 章:机器人风格，单击打开它的标题。

你也可以直接通过 JSFiddle 中的 m9nfspxp 打开机器人应用程序。

在屏幕中你将看到一个有 HTML 代码的 html 面板和 CSS 代码的 CSS 面板。

2. 在顶部菜单中单击 Fork，用你自己的 JSFiddle 账户产生一个 fiddle 副本。

现在，你就可以开始给 Douglas 添加一些风格了！

CSS 基础

看看前三行中的 JavaScript 机器人 CSS 面板。

```
body {
  font-family: Arial;
}
```

这三行形成一个 CSS 规则。CSS 规则由两个主要部分组成：

- **Selector**：选择器指明了一个或多个元素需要使用 CSS 规则。在这个例子中，选择器选择了 body 元素。
- **声明块**：声明块包含一个或更多 CSS 声明，包含如何修饰选中的元素。在这个例子中，我们声明一个字体"font-family: Arial;"。

CSS 选择器

选择器是 CSS 规则的一部分，紧跟在 { 后面，CSS 选择器告诉网络浏览器何种样式要应用于 html 元素。

当你将一个样式应用到选择的元素时，它也将同样的样式应用到选中元素里面的每一个子元素。

CSS 选择器具有多种不同的方式来选择元素。让我们来看看其中三种选择器应用于 Douglas 机器人。

✔ **元素选择器**：

看看在 JavaScript 机器人 CSS 面板中的前两个规则：

```
body {
    font-family: Arial;
}
p {
    font-size: 1em;
}
```

这是元素选择器的两个例子。元素选择器通过元素名称来选择元素。使用元素选择器，只需输入你要选择的元素名称。在这种情况下，我们选择 body 元素（ 使用 <body> 和 </body> 标记）和 p 元素（使用 <p> 和 </p> 标签）。

✔ **类选择器**：

现在看看 JavaScript 机器人 CSS 面板中的第三个 CSS 规则：

```
.eye {
    background-color: blue;
    width: 20%;
    height: 20%;
    border-radius: 50%;
}
```

类选择用句点（.）开始，后面跟着 HTML 元素名为 class 的属性值。在这个例子中，我们选择所有具有 class="eye" 的元素。通过 HTML 面板，可以看到有两个带有 class="eye" 的元素，用来表示 Douglas 的两只眼睛。

类选择器在你需要将相同的样式应用于多个元素时比较理想。在这个例子中，机器人具有两只眼睛，两只眼睛有几个共同点（例如，它们都是蓝色以及大小相同）。

✔ **ID 选择器**：ID 选择器由哈希符号（＃）以及基于元素的 ID 属性值构成。例如，Douglas 的左眼和右眼具有不同的 ID 属性值：

```
#righteye {
    position: absolute;
    left: 20%;
    top: 20%;
}
#lefteye {
```

```
    position: absolute;
    left: 60%;
    top: 20%;
}
```

当你需要在 HTML 文档中选择单个元素的时候，ID 选择器非常实用。

每个 ID 属性值在一个文档中必须是唯一的。

查看 HTML 面板，你可以看到 Douglas 的左眼和右眼除了均具有类属性外，也有唯一的 ID 属性。我们增加这些属性可以各自定位在 Douglas 的眼睛上。

CSS 声明

CSS 声明在 CSS 选择器声明块中。声明是由两部分组成：

- **属性**：一个声明的属性部分告诉我们应该修改什么。例如，你可以改变颜色、宽度或一个元件的位置。该属性必须跟着一个冒号（:）。
- **值**：告诉我们属性应该变成什么值。

每个声明必须以分号（;）结束。你必须把工作做好，所以你可以在一个声明块中有尽可能多的声明。

例如，眼类元素的声明块中就包含四个声明：

```
.eye {
    background-color:blue;
    width:20%;
    height:20%;
    border-radius: 50%;
}
```

CSS 属性提供风格

CSS 属性改变元素的特性。Douglas JavaScript 机器人漂亮眼睛的颜色、身体和手臂的尺寸、头边角的圆度以及不同部分的位置都是由属性值决定的。

下面通过修改一些不同的 CSS 属性值来改变 Douglas 机器人的外观：

1. 查找 p 元素的 CSS 规则，也就是目前在 CSS 面板中的第二条规则。

2. 更改 font-size 属性值为 2.5em。完整的规则如下：

```
p {
    font-size: 2.5em;
}
```

有几种不同的方式来指定文字的大小,最常用的方法是通过使用像素(px)、百分比(%)或相对值(EM)。当你使用百分比或相对值时,字体大小是基于所选元素的父元素来计算的。例如,2.5em 是所选元素的父元素 2.5 倍。下一章节重点介绍百分比和像素。

3. 单击 Run 按钮查看结果面板中的变化,Douglas 如图 6-1 所示。

4. 查找 body 元素的 CSS 规则。

5. body 元素的值更改如下,注意引号的使用:

"Comic Sans MS", cursive, sans-serif

完整的 CSS 规则如下:

```
body {
    font-family: "Comic Sans MS", cursive, sans-serif;
}
```

图 6-1

有一条粗体信息的 Douglas

6. 单击 Run 按钮来查看结果。

Douglas 衬衫有非常有趣的字母,如图 6-2 所示。

接下来，根据每个人的喜好来改变 Douglas 眼睛的颜色。

7. 找到包含 Douglas 眼睛颜色的 CSS 规则。

目前，它看起来像这样：

```
.eye {
    background-color:blue;
    width: 20%;
    height: 20%;
    border-radius: 50%;
}
```

8. 更改眼睛 `background-color` 属性为你喜欢的颜色。

例如，如果你喜欢棕色，就可以将其更改为以下内容：

```
background-color: brown;
```

9. 单击 Run 按钮来查看结果。

当我们用单词棕色的时候，Douglas 的眼睛会变成棕色，但是颜色不是很深。试图将 Douglas 的眼睛变成人眼喜欢的绿色也是可以的，但是绿色可能不止一种。为了得到更精确的颜色，你可以使用另外一个 CSS 颜色名称 (见第 4 章) 或者创建十六进制的自定义颜色。

使用 CSS 颜色

CSS 颜色包含了数百万种可能的颜色，一个 web 浏览器可以使用红色、绿色和蓝色的不同组合。

用十六进制表示 CSS 颜色的示例如下：

#9BE344

仔细看下这段代码。

井号（#）表示这是一个十六进制码。在此之后，第一和第二码元（9B）表示的红色区域混入新的颜色，第三和第四码元（E3）表示的绿色加入该区域，第五和第六码元（44）表示蓝色的量。当这三个部分混合后，最终的颜色是一个很好的绿色。

这时，也许你想知道为什么要用十六进制字母和数字结合来描述颜色。答案很简单：为了得到更多颜色的可能性。

十六进制也许就是具有 16 个手指的生物。例如，人有十个手指，所以就有十个不同的数字 0、1、2、3、4、5、6、7、8 和 9，我们使用它们来计数。

如果你有 16 个手指，就需要创造新的符号来表示附加的手指。计算机经常由 8 或 16 来计数，因为字节由 8 位或者 8 比特组成，也就是说，计算机看起来就像 16 指生物。

相反，计算机使用字母来替代数字 9 之后的数字。在十六进制中，A 等于 10，B 等于 11 个，C 等于 12，D 等于 13，E 等于 14，F 等于 15。

两位十六进制代码以 00 开始，数值等于 0，以 FF 结束，数值等于 255。

按常理，红色的阴影应该是 00，我们的意思是应该没有红色的。假如能看到一点点，它应该是 01，我们的意思是在阴影区域处它应该只有红色的最小量（甚至无法看出来红色）当红色量是 FF 时，它应该就是纯红。

与其在这里猜测每种颜色所占的比例，还不如到在线网站 www.colorpicker.com 更加直观地选择需要的颜色。

调整 CSS 元素大小

HTML 文档中的每一个元素都是一个矩形。元素外形看起来像一个圆圈（ 如 Douglas 的眼睛），实际上是被矩形包围的。因为一切都是矩形，你可以通过调整 CSS 改变元素的大小，从而改变它们的宽度和高度。

当我们在现实世界中测量事物的宽度和高度时，我们使用计量单位，如英寸、厘米或米。

在 CSS 的测量世界中，我们有几个不同的计量单位，单位包括 px（像素）和 %（百分比）：

✔ **像素**：像素是 web 浏览器中的最小显示点。当用像素指定宽度和高度的时候，你可以非常精确地告诉浏览器多少个像素的宽和高，使用像素带来的问题就是它始终显示固定大小的尺寸——即使非常大或者非常小。

✔ **百分比**：使用百分比指定宽度和高度，你将告诉浏览器按照父元素的一个确定百分比显示当前元素。

我们已经使用指定的百分比对 Douglas 进行了测量。因为这意味着，无论你用手机还是超大屏幕在时代广场看 Douglas，它都将自动调整大小来适应屏幕。在实际操作中，拖动 JSFiddle 面板边框可使窗口变大或变小。请注意观察 Douglas 是如何随着窗口进行放大、缩小的。

你可能已经听说过响应式设计这个术语。响应式设计的目的是使网页内容更加灵活地响应用户屏幕的大小。Douglas 的大小就是一个响应式设计的例子。

下面对 Douglas 某些部分进行修改：

1. 找到 eye 类的 CSS 规则。

2. 改变宽度至 30%、高度为 30%。

你会发现，Douglas 的眼睛变大了，但是眼睛也没有在脸中间，如图 6-3 所示。我们将一点点解决这个问题。

图 6-3
Douglas 的大眼睛偏离了中心

3. 找到 arm 类的 CSS 规则。

```
.arm {
    background-color: #cacaca;
    position: absolute;
    top: 35%;
    width: 5%;
    height: 40%;
}
```

.arm CSS 规则控制双臂的颜色和大小。你会在下一节中学习到。

4. 将手臂的宽度设置为 3%，然后单击 Run 看下 Douglas 更加瘦小的手臂。

5. 找到 Douglas 左臂的 CSS 规则。

6. 添加属性来改变宽度值比高度值大。

例如：

```
#leftarm {
  position: absolute;
  left: 70%;
  width: 27%;
  height: 5%;
}
```

单击 Run 看看变化。Douglas 如图 6-4 中所见。

图 6-4

Douglas 正在指着一个地方

在最后一步中，用 ID 选择器增加一个宽度和高度的规则，即使所选择的元件已经有了一个宽度与高度类选择器。

尽管已经有用于左臂的宽度和高度，手臂还是根据 ID 选择器获得了新的宽度和高度。这就是我们所说的串联例子（我们最终在 CSS 里面学会了这个名字）。

了解串联

机器人的左臂只能有一个宽度和一个高度，所以当两个不同的 CSS 规则试图分别设置手臂的宽度和高度时会发生什么呢？真实情况就是浏览器拥有这两个 CSS 规则之间的优先级。

浏览器视情况（如哪一个 CSS 规则最后被设置，哪一个规则更具体）来确定哪一个宽度和高度会被使用。

在这个串联的竞争中，id 属性优于其他属性，因为它们对一个元素来说是唯一的，所以比其他种类的属性更具体。

CSS 定位元素

CSS 除了改变在浏览器的元素颜色之外，也可以改变元素出现在屏幕中的地方。改变元素出现的地方叫作定位元素。

下面改变一下 Douglas 零件的位置：

1. 找到控制 Douglas 右眼的 CSS 规则。

```
#righteye {
    position: absolute;
    left: 20%;
    top: 20%;
}
```

第一个属性 position 告诉浏览器如何解释该特定位置属性（例如 top 和 left）。当你使用绝对定位时，选定的元素（例子中的眼睛）可以在头部的任何地方，不必担心在头上的另一个元素是否会覆盖它。如果两个绝对定位的元素被定位在同一个地方，它们会简单地重叠。

右眼被设置为距离头部顶端边缘 20%（头部高度）和距离头部左边缘 20%（头部宽度）。

2. 减小右眼 left 以及 top 的百分比，使眼睛向左移动。

例如：

```
#righteye {
  position: absolute;
  left: 10%;
  top: 10%;
}
```

单击 Run 看结果，如图 6-5 所示。

图 6-5

Douglas 抬高了它的
右眼

定制专属的 JavaScript 机器人

现在轮到你了！可以使用在本章学习到的东西给 Douglas 做出更多自己喜欢的改变。
尝试改变颜色、位置和元素的大小，使它看上去完全变成你想要的效果！

通过 Twitter 或 Facebook 与我们分享自定义版本的 Douglas！我们期待你的设计！

第 7 章
构建动画机器人

HTML、CSS 和 JavaScript 是一支伟大的团队。每一项与其他两项密切协作，使得很棒的事情呈现于 web 浏览器内。

在这一章中，我们将把它们拼在一起，使 JavaScript 机器人 Douglas 舞动起来！

用 JavaScript 更改 CSS

正如你可以使用 JavaScript 来改变网页内的 HTML，你也可以用它来改变 CSS 样式。这个过程非常相似。

第一步是选择要应用或更改样式的元素。在第 5 章中，我们已经向你展示了如何使用 `getElementById` 这样做。例如，你可以使用下面的代码选择 Douglas 的左眼：

```
document.getElementById("lefteye")
```

一旦选择了一个元素，就可以附上 style 属性选择器，其后紧跟想改变的样式。改变左眼睛的颜色，可以使用如下 JavaScript：

```
document.getElementById("lefteye").style.backgroundColor =
        "purple";
```

这段代码和用 CSS 改变背景颜色的代码有什么不同之处吗？当用 JavaScript 改变风格时，有两个规则要遵守：

- 当 CSS 属性仅仅是一个单词时，如 margin 或 border，你可以在 JavaScript 中使用与 CSS 相同的名称更改样式。

- 如果 CSS 属性有短横线（-），CSS 属性名称就会被转换为驼峰。因此，background-color 被改成 backgroundColor。

下面是 CSS 属性的一些例子以及在 JavaScript 中每个属性该如何拼写：

CSS 属性	JavaScript 的样式属性
background-color	backgroundColor
border-radius	borderRadius
font-family	fontFamily
margin	margin
font-size	fontSize
border-width	borderWidth
text-align color	textAlign color

JavaScript 是大小写敏感的。JavaScript 样式属性的大写字母一定要有，以使属性正常工作。

用 JavaScript 修改 Douglas

使用 JavaScript 修改 CSS，使其能够根据用户输入改变元素的外观和位置。

我们会一点点地让 Douglas 跳舞，在此之前，让我们先练习一下如何改变它：

1. 打开公共面板 JSFiddle 中的"fiddle"，找到一个名为 Chapter 7:Start 的项目，并打开它。

我们在第 6 章结尾处放置的机器人 Douglas 很漂亮，如图 7-1 所示。

2. 单击 Fork 按钮，在自己的 JSFiddle 账户中创建一副本程序。

3. 输入以下 JavaScript 来改变 Douglas 左眼睛的颜色：

```
document.getElementById("lefteye").style.backgroundColor =
            "purple";
```

4. 单击 Run 查看结果。

Douglas 的左眼会变为紫色，如图 7-2 所示。

图 7-1

不会跳舞的 JavaScript
机器人 Douglas

图 7-2

Douglas 的左眼现在
是紫色的

5. 在 JavaScript 面板中，按 Return（Mac）或 Enter（Windows）键，开始新的一行，然后输入以下内容：

```
document.getElementById("head").style.transform =
        "rotate(15deg)";
```

6. 单击 Run 查看结果。

Douglas 现在向左边倾斜头，看起来像在准备跳舞（见图 7-3）。

图 7-3

Douglas 已经准备好
要跳舞了

7. 打开左边菜单的 Fiddle 选项，给你的程序新起一个名称。

8. 单击 Update，然后单击 Set as Base，把程序保存到公共面板中。

对 Douglas 进行试验

这里有使用 JavaScript 样式属性自定义 Douglas 的无数可能性。要开始这些试验，尝试将下面的每条语句都添加到 JavaScript 面板中，然后运行它们：

```
// Put a 2-pixel-wide, solid black border around his body.
document.getElementById("body").style.border = "2px black
        solid";

// Round the corners of his mouth.
document.getElementById("mouth").style.borderRadius = "4px";
// Put yellow dots around his right eye.
document.getElementById("righteye").style.border =
        "4px yellow dotted";

// Change his left arm's color.
```

```
document.getElementById("leftarm").style.backgroundColor =
            "#FF00FF";

// Change the text color.
document.getElementById("body").style.color = "#FF0000";

// Give Douglas hair.
document.getElementById("head").style.borderTop =
            "5px black solid";
```

现在轮到你了。你能弄清楚如何使用 JavaScript 使以下内容改变吗？

✔ 使 Douglas 的头倾斜到另一边。

✔ 使 Douglas 的鼻子变圆。

✔ 使 Douglas 的右臂变绿色。

✔ 使 Douglas 的嘴唇变粉红色。

如果你对这些操作需要帮助，可以访问我们的 JSFiddle 公共面板，并寻找名为 Chapter 7: Changing CSS with JS 的程序。

请记住，JavaScript 是非常敏感的。不论你在 JavaScript 面板中的何处，写错了一个字、漏掉了一个句号或将 `getElementById` 拼错，JavaScript 都将在出错行处报错，还会导致 JavaScript 的所有行运行失败。

让 Douglas 跳舞

你已经知道了如何使用 JavaScript 改变 CSS，现在让我们利用学会的知识做出更多 Douglas 动画！

1. 在 JSFiddle 中，打开 Robot Style 程序的最新版本（或公共面板中的 Chapter 7: Start fiddle），单击 JSFiddle 的 Fork 按钮。

2. 在左边的菜单中打开 Fiddle 选项，并将 fiddle 名称更改为 Animated Robot。

3. 单击 Update 以保存修改。

现在，你有了改进过的、新的、会跳舞的 Douglas，但仍然可以从公共面板处回到前面不会跳舞的 Douglas 处。

Douglas 不是最好的舞者，但确实有一些自豪动作。第一个是"眼睛反弹"——眼睛迅速向上移动，然后又移动回原处。相信我们跟着它的节奏，几乎会被催眠。

图 7-4 显示 Douglas 在中间，它的一只眼睛在反弹。

在我们的项目中，将实现单击 Douglas 的不同部位控制 Douglas 的舞蹈。现在，我们开始编写单击它的右眼时的反弹动画。

图 7-4

Douglas 做眼部反弹

1. 在 JavaScript 的面板中，输入以下语句：

```
var rightEye = document.getElementById("righteye");
```

这个变量声明为我们创建了一个指向右眼睛的快捷方式。现在，它已经被创建了，在余下的程序中，每一次需要提到 Douglas 的右眼时都可以使用变量名 rightEye。

2. 可以使用下一条语句来告诉 JavaScript 监听鼠标单击右眼的事件：

```
rightEye.addEventListener("click", moveUpDown);
```

处理事件

事件监听器是一种告诉 JavaScript 监听有什么事情发生在元素身上的方法，然后当事件发生时做一些事情（处理）。

在 JavaScript 中，我们调用 addEventListener 方法来告诉程序当事情发生时该怎么做。监听和处理事件需要三个部分：

✔ **事件**：不论有什么事情发生在 web 浏览器中，它都被称为事件。事件的例子包括单击、按一个键、拖放、鼠标悬停在某个东西上并选择文本。

事件不仅仅是人们在用 web 浏览器时发生的事情。一些事件还发生在你没有做任何事情的时候。这些包括页面加载、元素显示、在代码中发生错误和动画完成等。这些是发生在 web 浏览器中最常见的事件。

- ⬤ click: 用户单击鼠标。
- ⬤ submit: 提交一个表单。
- ⬤ drag: 拖动一个元素。
- ⬤ drop: 将拖动后的一个元素删除。
- ⬤ copy: 复制内容。
- ⬤ paste: 粘贴内容。
- ⬤ mouseover: 鼠标经过元素。
- ⬤ load: 页面加载。

为了监听事件，把所要监听的事件名称放在 addEventListener 方法的引号内。例如：

```
target.addEventListener("click", listener)
```

✔ **事件目标**：创建事件处理程序中的下一个步骤是将 addEventListener 方法附加到一个对象中。例如，要监听 Douglas 右眼的 click 事件，可以使用下列内容：

```
rightEye.addEventListener("click", listener);
```

JavaScript 要监听的事件所属的元素被称为事件目标。在本例中，rightEye（代表 document.getElementById ("righteye")值的一个变量）是事件的目标。

✔ **监听器**：一个 addEventListener 语句的第三部分是实际的监听器。这是当事件发生时应该通知的对象。

在 Douglas 的例子中，我们将要调用一个要去写的 moveUpDown 函数，该函数的目的是实现 Douglas 的眼睛上下移动。

```
rightEye.addEventListener("click", moveUpDown);
```

一个典型的事件处理程序的格式如下：

```
target.addEventListener("event", listener);
```

现在，你知道了 addEventListener 是如何工作的，让我们回到 JavaScript 机器人 Douglas 处，并创建当有人单击它的眼睛时会触发的监听器。

编写一个监听器

到目前为止，JavaScript 面板应该包含以下代码：

```
var rightEye = document.getElementById("righteye");
rightEye.addEventListener("click", moveUpDown);
```

如果你现在运行程序，便会发现它不能做任何事情。这是因为我们还没有创建监听器。

监听器是一个函数或是一个较大 JavaScript 程序中的小程序。每当连接到监听器上的事件发生时，监听器函数都会运行。

眼睛的上下晃动动画监听器将被称为 `moveUpDown`。按照下面的步骤创建 `moveUpDown` 监听函数。

1. 在代码 JavaScript 面板中，在最后一行后面按几次 Return 或 Enter 键插入一些空白。

2. 输入以下内容来开始创建监听器：

```
function moveUpDown(e) {
```

此代码开启函数，并赋予它一个名字。注意括号中间的 `e`。当函数被 `addEvent Listener` 调用时，`e` 将包含一些我们可以在函数里面使用的关于刚刚发生的事件信息——更多关于这一刻的信息！

3. 在大括号后（`{`）按 Return 或 Enter 键，然后输入函数的其余部分：

```
var robotPart = e.target;
var top = 0;

var id = setInterval(frame, 10) // draw every 10ms
  function frame() {
    robotPart.style.top = top + '%';
    top++;
    if (top === 20){
      clearInterval(id);
    }
  }

}
```

这可能看起来有点复杂，但实际上是相当简单的。在解释之前，让我们先来测试一下，以确保它能正常工作。

4. 单击 Run。

如果你正确输入了一切，现在应该可以单击 Douglas 的右眼，看到它上下晃动，如图 7-5 所示。

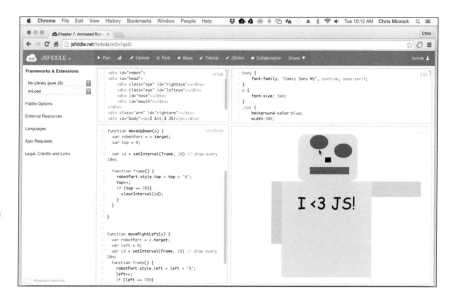

图 7-5

单击 Douglas 的眼睛
使其上下晃动

如果你的程序无法正常工作，就仔细检查代码，应该与列表 7-1 完全一样。

列表 7-1 在 JavaScript 面板中使眼睛上下晃动所需的代码

```javascript
var rightEye = document.getElementById("righteye");
rightEye.addEventListener("click", moveUpDown);

function moveUpDown(e) {
  var robotPart = e.target;
  var top = 0;

  var id = setInterval(frame, 10) // draw every 10ms

  function frame() {
    robotPart.style.top = top + '%';
    top++;
    if (top === 20){
      clearInterval(id);
    }
  }

}
```

如果你正确输入了一切，单击 Douglas 的右眼时就会看到它上下晃动。阅读代码并
了解它是如何工作的！

创建一个 JavaScript 动画

计算机动画，像电影和视频动画，是一种戏法。诀窍是快速播放连续的一系列照片，使里面的图像看起来像在移动。

在动画中每个图像被称为一帧。Douglas 眼睛上下晃动动画的工作方式是，每 10 毫秒（一秒的十分之一）在一个稍微不同的地方显示眼睛，眼睛的开始位置在头顶，并结束于距头顶 20% 的位置。

图 7-6 显示在动画中眼睛在各处的位置。

图 7-6
Douglas 的眼睛在动画中的不同位置

现在让我们通过代码看看这个效果是如何在 JavaScript 中创建的。我们将在函数声明后的第一行开始：

```
var robotPart = e.target;
```

该语句使用事件对象（ 从 addEventListener 方法自动出现）来找出单击机器人的哪一部分（ 哪个元素）。它将该元素（ 在本例中是 rightEye）的信息存储在一个新的变量 robotPart 中。

此语句创建一个称为 top 的新变量，并给它一个值 0：

```
var top = 0;
```

这个 top 变量将用来在动画的每一个帧中定位眼睛。

下面一行使用一个名为 setInterval 的命令使不可思议的动画开始：

```
var id = setInterval(frame, 10); // draw every 10ms
```

该 setInterval 命令将运行括号中列出的第一个函数，并将以括号中的数字确定的时间表进行。

该数字是一个毫秒数（千分之一秒），表示再次做该事情之前要等待的时间。（1000 毫秒等于 1 秒。）这个数字越大，动画的速度会越慢，反之亦然。

在这里，我们要创建一个由 setInterval 的命令运行新函数（或小程序）、处理创建每个新的动画帧的任务：

```
function frame() {
```

在这里，将为被单击的元素 top 值设置为 top 变量的值，并在末尾添加 %：

```
robotPart.style.top = top + '%';
```

所以，当你第一次单击眼睛时，top 将被设置为 0%，这将把它放置在 Douglas 的头顶。

下面的代码行通过使用做增量运算符将 top 值加 1：

```
top++;
```

我们将在第 9 章更详细地讲解递增运算符。

这里，我们通过观察 top 是否等于 20 来检查动画是否已经达到最后一帧：

```
if (top === 20){
```

如果 top 等于 20，下一个命令运行。

调用 clearInterval 语句结束动画：

```
clearInterval(id);
```

最后，我们通过把打开的大括号关闭来清理一切：

```
    }
  }
}
```

给另一个元素添加动画

现在，我们已经写了利用 moveUpDown 函数实现一只眼睛的动画，另一只眼睛的动画就只剩下增加另外一个事件监听器的简单步骤了。

1. 单击 Update 以保存修改。

2. 在 rightEye 下面插入以下新变量的声明：

```
var leftEye = document.getElementById("lefteye");
```

3. 在 rightEye 下面插入新的事件处理器：

```
leftEye.addEventListener("click", moveUpDown);
```

4. 单击 Run。

现在，不论单击左眼还是右眼，都会引起 moveUpDown 动画发生在被单击的元素上。

添加第二个动画函数

Douglas 不是一个只会一招的机器人。除了眼睛上下晃动外，它至少还有一个舞蹈动作，将此称为"arm sweep"。这将涉及一个经典的平滑移动，在它的眼睛目视前方时，左手臂从右到左，穿过 Douglas 的身体。

要创建手臂横扫动画，需要添加第二个监听器。我们将基于 `moveUpDown` 功能进行修改，以使手臂的动画从右到左，而不是从上到下。

1. 在两个变量后创建一个新的变量来表示左手臂：

```
var leftArm = document.getElementById("leftarm");
```

2. 在两个事件处理器后添加一个新的事件处理器：

```
leftArm.addEventListener("click", moveRightLeft);
```

3. 选中 `moveUpDown` 函数，按 ⌘ +C (Mac) 或 Ctrl+C (Windows) 来复制一份代码。

现在我们将修改 `moveUpDown()` 的副本，创建新的 `moveRightLeft` 函数。

1. 将函数名称由 `moveUpDown` 改为 `moveRightLeft`。

```
function moveRightLeft(e) {
```

2. 将功能主体的第二行更改为以下内容：

```
var left = 0;
```

3. 将 frame 函数的第一行更改为以下内容：

```
robotPart.style.left = left + '%';
```

4. 将 frame 函数的第二行更改为以下内容：

```
left++:
```

5. 将 frame 函数的第三行更改为以下内容：

```
if (left === 70){
```

当你完成修改，新的 `moveRightLeft` 函数应该与列表 7-2 中的代码匹配。

列表 7-2 完成的 moveRightLeft 函数

```
function moveRightLeft(e) {
  var robotPart = e.target;
  var left = 0;
  var id = setInterval(frame, 10) // draw every 10ms
  function frame() {
    robotPart.style.left = left + '%';
    left++;
    if (left === 70){
      clearInterval(id);
    }
  }
}
```

单击 Update 来保存修改，并运行新的动画。

当单击 Douglas 的左臂时将看到 moveRightLeft 动画开始工作，如图 7-7 所示。

图 7-7

Douglas 执行左臂扫动

现在 JavaScript 面板中完成的代码应该与列表 7-3 匹配。

列表 7-3　JavaScript 需要实现这两个 Douglas 的舞蹈动作

```
var rightEye = document.getElementById("righteye");
var leftEye = document.getElementById("lefteye");
var leftArm = document.getElementById("leftarm");

rightEye.addEventListener("click", moveUpDown);
leftEye.addEventListener("click", moveUpDown);
leftArm.addEventListener("click", moveRightLeft);

function moveUpDown(e) {
  var robotPart = e.target;
  var top = 0;
  var id = setInterval(frame, 10) // draw every 10ms
  function frame() {
    robotPart.style.top = top + '%';
    top++;
    if (top === 20){
      clearInterval(id);
    }
  }
}
```

```
function moveRightLeft(e) {
  var robotPart = e.target;
  var left = 0;
  var id = setInterval(frame, 10) // draw every 10ms
  function frame() {
    robotPart.style.left = left + '%';
    left++;
    if (left === 70){
      clearInterval(id);
    }
  }
}
```

现在轮到你做一些有趣的事情来使 Douglas 舞蹈了！通过打开一些音乐，并根据节拍单击它的眼睛和手臂开始！接着，尝试加入一些新的事件处理程序来制作 Douglas 不同部位的动画，如鼻子、嘴巴或右臂！

第 3 部分

获取操作

```html
                                                      HTML
<div id="car">
    This <span id="modelyear"></span>
dream car can be yours for just:
$<span id="pricetag"></span>
    <div id="body">
    </div>
    <div id="frontwheel"></div>
    <div id="backwheel"></div>
</div>
```

```css
                                                      CSS
#car {
    font-family: Arial;
}
#body {
    position: absolute;
    top: 50px;
    width: 80%;
    height: 100px;
    background-color: #000000;
```

```javascript
                                                  JavaScript
var dreamCar = {
    make: "Oldsmobile",
    model: "98",
    color: "brown",
    year: 1983,
    bodyStyle: "Luxury Car",
    price: 4500
};
document.getElementById("pricetag")
    .innerHTML = dreamCar.price;

document.getElementById("modelyear")
    .innerHTML = dreamCar.year;

document.getElementById("body")
    .style.backgroundColor =
dreamCar.color;

document.getElementById("body")
    .innerHTML = dreamCar.make + " " +
dreamCar.model;
```

This 1983 dream car can be yours for just: $4500

第 8 章
用操作数建立你梦想中的车

当你用人类语言说话或写作时，通常会将名词和动词组合在一起，以创造行动。你可能会再添加形容词、副词、代词、连词、介词和感叹词来增加趣味，然而一个句子真正的工作是由名词和动词做的。

写 JavaScript 句子称为写编写语句。语句主要由操作数（像名词）和运算符组成（像动词）。在这一章中，将学习不同类型的操作数和如何在 JavaScript 程序中使用操作数的例子。

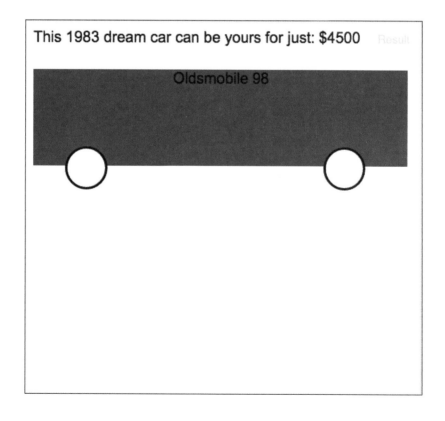

了解操作数

在 JavaScript 中的表达式是任何解析为一个值的有效代码部分。当我们说一个表达式"解析为一个值"时，我们所说的是当计算机需要做的一切都做了以后会产生某种值。例如：

- ✔ 表达式 1+1"解析为"2。用另一种方式说同样的事情是，它具有值 2。
- ✔ 表达式 x=7 是一种不同的表达方式。它的值（7）分配给变量 x。

表达式由操作数（如数字 1 或变量 x）和操作符（如 = 或 +）组成。操作数可以是任何我们在第 3 章中所谈论的 JavaScript 的数据类型以及对象或数组。

在本章中，我们将介绍如何创建和使用自己的对象。在第 11 章中，我们将告诉你如何创建并使用数组。

让我们玩一个游戏，而不是简单地解释操作数可以使用不同类型的数据类型。我们将列出一些有效的 JavaScript 操作数，并且由你判断每个操作数是哪种类型的数据。

在一开始，我们会给你所有的答案，直到你看出它的窍门。在此之后，我们还是会给予你所有的答案，但我们会隐藏得更好一点。开始了！

对于以下每个操作数，告诉我们它是一个数字、一个字符串还是一个布尔：

- ✔ **100**：这很清楚，是一个数字，因为它不是用引号包围的，完全由数字组成。
- ✔ **"Hello JavaScript World!"** 这是一个字符串，因为它是用引号括起来的。
- ✔ **false**：这是一个布尔值，因为它代表是真的还是假的，并且不是用引号括起来的。
- ✔ **"true"**：这是一个字符串，虽然它包含单词 true（这似乎使其为布尔值），但是单词是由引号所包围的（这使得它成为一个字符串）。

现在轮到你了。对于以下每个操作数，决定它是否是一个数字、一个字符串或一个布尔：

- ✔ 187
- ✔ "007"
- ✔ "Number 9"
- ✔ true
- ✔ 86
- ✔ "It's 5 o'clock somewhere"

你认为你做的怎么样？这里是答案：

- ✔ 187 是一个数字

✍ "007" 是一个字符串

✍ "Number 9" 是一个字符串

✍ true 是一个布尔

✍ 86 是一个数字

✍ "It's 5 o'clock somewhere" 是一个字符串

操作数不总是文本值。事实上，更经常地，程序员将值分配给变量，并使用这些变量作为操作数。这里有一些语句，将值赋给变量。对于每一个，指出操作数的数据类型（数字、字符串或布尔值）：

✍ distance = 3000

✍ distance = 800 * 4

✍ doTheMath = 7 + 8 + 36 + 18 + 12

✍ countrySong = "mama" + "truck" + "train" +"rain"

如果你说，前三个是数字，最后是一个字符串，你将全部回答正确！

如果你不相信我们，就试着做以下练习，自己找出来吧！

1. 在 Chrome 中，按 ⌘+Option+J (Mac) 或 Ctrl+Shift+J (Windows)，打开 JavaScript 控制面板。

JavaScript 控制台如图 8-1 所示。

图 8-1

打开 JavaScript 控制台

2. 使用 typeof 命令找出一个数的数据类型。

例如，输入：

```
typeof  8
```

JavaScript 控制台返回"number"，如图 8-2 所示。

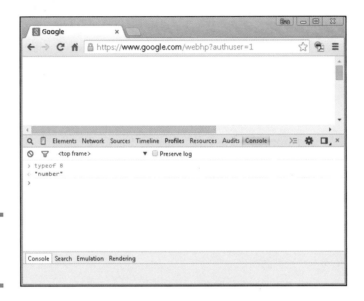

图 8-2
找出一个操作数的
类型

3. 输入以下内容创建一个变量，并使用一个表达式来设置它的值：

```
var doTheMath = 7 + 8 + 36 + 18 + 12
```

控制台返回 undefined，让你知道它已经完成了它的工作。

4. 使用 typeof 命令找到新变量的数据类型。

```
typeof  doTheMath
```

结果是"number"。

5. 找出使用下列表达式的字符串的数据类型：

```
typeof  "the cat's favorite toy"
```

结果当然是"string"。

6. 尝试找到一个不在引号内的词的类型，像这样：

```
typeof  automobile
```

这个表达式的结果将是"undefined"。这里发生的事情是，JavaScript 像对待变量一样对待一个不在引号内的词。因为我们还没有定义一个名为 automobile 的变量，所以问 automobile 变量的类型时，其结果是"undefined"。

使用对象

在 JavaScript 中，除了基本的数据类型（字符串、数字和布尔值）外，操作数也可以是对象类型的。正如我们在第 5 章解释的，JavaScript 的对象可以有属性（描述这些事情）和方法（可以做的事情）。

现在，我们将向你展示如何创建自己的对象。要创建一个对象，先使用 var 关键字，就像你创建任何变量一样，其次是紧跟一个相等的符号（=）：

```
var myObject =
```

等号后面事情变得有点不同。当创建一个对象时总是先用花括号（{ 和 }）：

```
var myObject = {};
```

花括号内可以放多个属性和方法。一个对象的每个属性或方法开始于一个名称（左边），其次是一个大的（：），然后是一个值。如果一个对象包含多个属性或方法，就用逗号隔开它们。

让我们在 JSFiddle 中练习创建一些对象，并观察它们的值：

1. 在 web 浏览器中进入 JSFiddle 网站。

现在应该有一个空白的 fiddle，这意味着屏幕上的四个面板（HTML、CSS、JavaScript 和 Result)）都是空白的。

2. 在 JavaScript 面板中输入以下内容，创建一个 dreamCar 对象：

```
var dreamCar = {
    make: "Oldsmobile",
    model: "98",
    color: "brown",
    year: 1983,
    bodyStyle: "Luxury Car",
    price: 4500
}
```

随时随处定义你想要的梦想之车！

注意，在一个对象中，完全可以混合使用不同数据类型的属性。例如，在 dreamCar 对象中，make、model、color 和 bodyStyle 属性全是字符串，year 和 price 是数字。

3. 在对象定义后，输入以下内容到 JavaScript 面板内，以找出 dreamCar 对象的类型：

```
alert("The type of dreamCar is: " + typeof dreamCar);
```

4. 单击 Run。

出现一个提示窗口，告诉你它是一个对象，如图 8-3 所示。

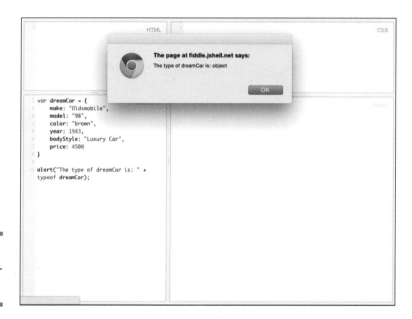

图 8-3

你梦想中的汽车是一个对象

配置梦想中的车

说够了！让我们来配置你的梦想之车，让这个宝贝上路！

建造任何一辆车的第一步都是创造一个框架。我们将用 HTML 来完成。

1. 在 JSFiddle 内输入以下 HTML 到 HTML 面板中：

```
<div id="car">
    This  <span id="modelyear"></span> dream car can be yours for
            just: $<span id="pricetag"></span>
```

```
    <div id="body">
    </div>
    <div id="frontwheel"></div>
    <div id="backwheel"></div>
</div>
```

这个 HTML 只是简单地创造了我们汽车的基本结构和价格标签。下一步我们给汽车添加一些风格。

2. 在 CSS 面板中输入以下内容：

```
#car {
  font-family: Arial;
}
#body {
    position: absolute;
    top: 50px;
    width: 80%;
    height: 100px;
    background-color: #000000;
    text-align: center;
}
#backwheel {
    position: absolute;
    left: 10%;
    top: 130px;
    background-color: #ffffff;
    border: 3px solid black;
    border-radius: 50%;
    width: 40px;
    height: 40px;
}
#frontwheel {
    position: absolute;
    left: 55%;
    top: 130px;
    background-color: #ffffff;
    border: 3px solid black;
    border-radius: 50%;
    width: 40px;
    height: 40px;
}
```

太棒了！我们将建造和设计一个通用的汽车，包含一个身体、一个价格标签和车轮。

3. 单击 Run，看看我们写到哪了。

通用汽车的设计出现在结果面板中，如图 8-4 所示。

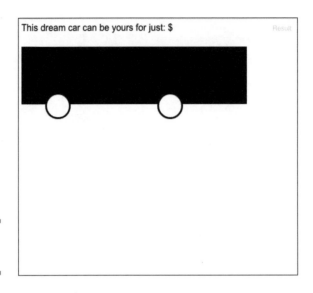

图 8-4

通用汽车

现在，让我们踏踏实实地用 JavaScript 定制车的业务！

1. 在 JavaScript 面板中创建你的 `dreamCar` 对象。

下面是我们的：

```
var dreamCar = {
    make: "Oldsmobile",
    model: "98",
    color: "brown",
    year: 1983,
    bodyStyle: "Luxury Car",
    price: 4500
};
```

2. 在程序中写一条语句，使其在运行时更新汽车的价格：

```
document.getElementById("pricetag").innerHTML = dreamCar.price;
```

3. 写一条语句来更新价格标签上的模型年份：

```
document.getElementById("modelyear").innerHTML = dreamCar.year;
```

4. 写一个语句来更新汽车的颜色：

```
document.getElementById("body").style.backgroundColor = dreamCar.
            color;
```

5. 写一条语句，在车的侧面声明车的品牌和型号：

```
document.getElementById("body").innerHTML = dreamCar.make + " " +
            dreamCar.model;
```

现在，单击 Run，看看惊人的新车，如图 8-5 所示。

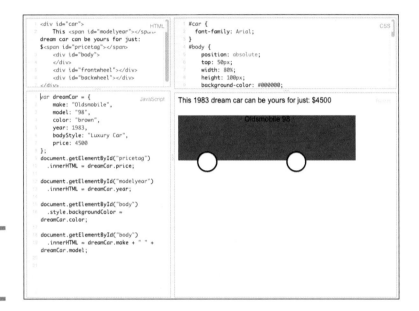

图 8-5

看看我们新的甜蜜
旅程

　　尝试更改设置来定制你的车，然后运行程序，观察一个对象的属性是如何改变一个程序或一个 web 页面 CSS 样式的。

第 9 章
混合使用运算符

运算符是执行运算任务（操作）的象征。在本章中，你将了解可以在 JavaScript 中使用的不同类型的运算符。

JavaScript 有满足各种需求的运算符，并且有一对运算符，你可能永远不会用到。让我们写一个程序，允许你选择运算符，并输入操作数，然后查看结果，而不是简单地列出所有的运算符。

该程序将是一个超级计算器，可以用文字、字母以及数字工作。

介绍超级计算器

你从来没有见过这样的计算器。朋友们，这个计算器可以做你的日常运算——它可以进行加、减、乘、除。别急，还有更精彩的！它也可以计算任何两个数字——没错，任意两个数字——并告诉你，一个数除以另一个数的余数是多少。我们将这个惊人的特点称为模运算。让你的模运算就在这里完成！

但是，这还不是全部！这里超级计算器可以将文字粘贴在一起。比方说，你有单词 Java 和 Script，并且你想以某种方式将它们粘合在一起。你说这是不可能的？难以置信？那是没有用超级计算器！

超级计算器使用串联运算符，提供将单词粘贴在一起的能力——甚至可以粘合整个句子。不要让所有的这些把你吓跑。串联是最好的发明，并且其运算符酷似增加（加号）运算符。这有多简单？只需输入第一个字，选择串联运算符，然后输入第二个字——BLAMMO！就可以将它们串联起来了。

如果你现在订购，我们还将免费为你提供全方位的比较运算符！比较运算符比较任何两个值——比方说 3 和 8——并告诉你它们是否是相同的。如果你想知道其中一个是否更大，或者其中一个是否较小，我们还提供了另一个运算符！并且，简单地说，一个比较运算的结果总是真或假。当你比较时，其结果不会像“还行”或“差不多”这样！

这个惊人的超级计算器是如何工作的？你怎么能得到一个？我们将告诉你，并且你的世界将从此与众不同。

复制超级计算器

按照以下步骤打开超级计算器，并创建自己的版本：

1. 打开你的浏览器，并登录 JSFiddle 网站。

2. 进入 JSFiddle 中的“fiddle”公共面板，并且定位到 Chapter 9 – Super-Calculator 程序，或者直接通过 JSFiddle 网站中的 LdtbfnL0 进入超级计算器程序。

超级计算器程序打开，如图 9-1 所示。

3. 单击顶部菜单中的 Fork 按钮，使超级计算机程序复制到自己的 JSFiddle 账户中。

4. 使用左侧菜单中的 Fiddle Options，将超级计算器的名称更改为自己定义的名字 Super-Calculator。

5. 单击顶部菜单的 Update，然后单击 Set as Base。

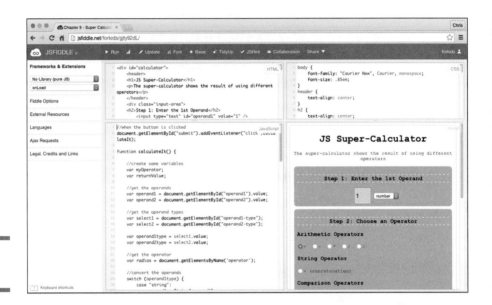

图 9-1

JS 超级计算器

使用超级计算器

超级计算器可以让你看到使用不同运算符的结果。它配备了两个输入的操作数，每一个操作数都有一个下拉菜单，你可以通过下拉菜单选择输入数的数据类型；还配置了单选按钮，用于选择涉及这两个操作数的运算符。

单选按钮是 HTML 中可被分组在一起的圆形输入按钮的名称。它们和复选框不同，因为你只能在一个单选框组中选择一个选项，而在一个复选框组中可以选择多个。我们怀疑它们之所以称为单选按钮，是因为它们以相同的方式工作，如汽车广播电台选择键。按其中的一个键选择一个电台，就会取消其他的选择。

要开始使用超级计算器，先看看当你第一次打开它时在结果面板中的设置。

顶部的输入区如图 9-2 所示，包含一个值，即数字 1。数据类型下拉菜单被设置为 number。

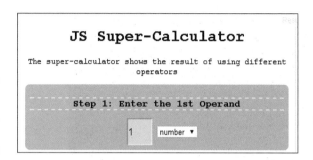

图 9-2

第一个操作数的默认
值是 1

第一个操作数输入区的下边是选择操作符的地方。运算符被分成三组：算术运算符、字符串运算和比较运算。在本章的后面，我们将深度学习这一点。现在，请注意该组算术运算符的第一运算符 + 被选中，如图 9-3 所示。这当然是加法运算符。

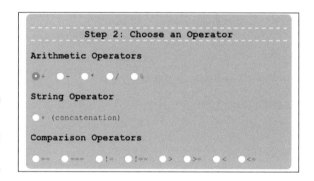

图 9-3

加法运算符是默认选
中的

运算符选择区域的下方是第二个操作数的输入区域。默认情况下，该值也被设置为数字 1，如图 9-4 所示。

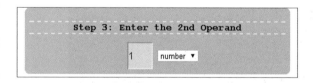

图 9-4

第二操作数设置为数
字 1

因此，将其组合在一起，对于超级计算机的默认操作就是世界上最基础的数学题：1 + 1。单击计算器底部的 Operate（运算）按钮。

该指定的运算将显示在计算器的顶部，返回值（结果，换言之）将在屏幕的输出部分显示，如图 9-5 所示。

Output
Operation
1+1
Return Value:
2

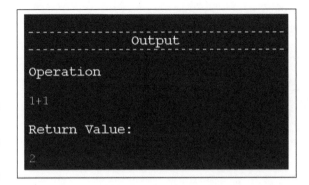

图 9-5
在输出区域显示操作的返回值

当然，你已经知道该运算的答案了！现在你可能会想，这个超级计算器毕竟不是那么超级——没那么快！请继续阅读下一节，真正认识超级计算机的能力！

操作字符串和算术运算符的超级计算器

现在让我们尝试一些运算，然而还是很简单的（ 因为它们只涉及两个操作数），并会告诉你一些关于 JavaScript 的有趣的事情。

1. 将操作数的值设置为默认值（1 和 1），但选择字符串操作符 +，并更改每个操作数的数据类型为字符串。

现在，当你单击 Operate（运算）按钮时将看到结果 11，如图 9-6 所示。

2. 把运算符设置为串联运算符，并设置数据类型为字符串，将第一个操作数的值更改为 "Java"、第二个操作数更改为 "Script"。

串联 "Java" 和 "Script" 的结果如图 9-7 所示。

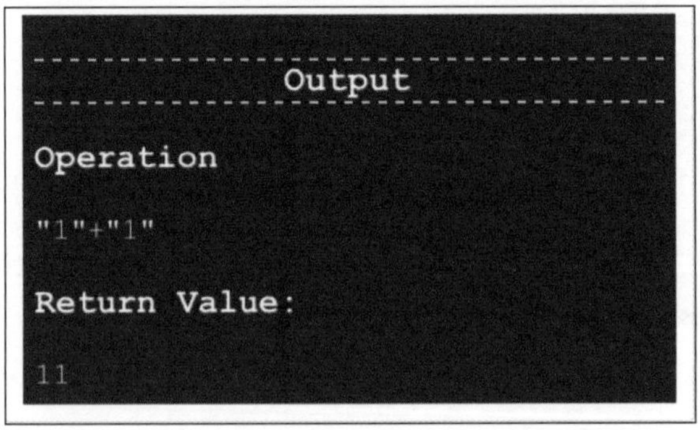

Output
Operation
"1"+"1"
Return Value:
11

图 9-6
串联 1 和 1 的结果

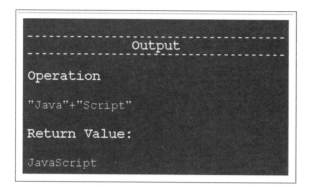

图 9-7

串联 "Java" 和

"Script"

3. 将运算符设置为串联运算符、数据类型设置为字符串。将第一个操作数更改为你的姓氏，其后紧跟一个空格，然后将第二个操作数更改为你的名字。

4. 单击 Operate（运算）按钮。

其结果将是包含你的名字和姓氏的字符串，并且它们之间有一个空格。从这个例子可以学习到最重要的事情，即串联包括那些待串联字符串内的任何空格。

5. 将串联运算符更改为任何算术运算符。将两种数据类型都设置为字符串。

6. 单击 Operate（运算）按钮。

结果如图 9-8 所示，是 NaN，表示 "not a number"（非数字）。没有办法让 JavaScript 对字母进行算术运算，NaN 是它告诉你这个原则的方式。

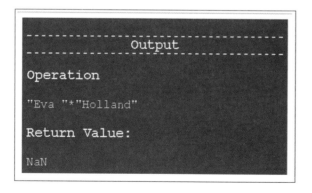

图 9-8

试图用你的名字做数
学运算的结果是 NaN

7. 将第一个操作数更改为 9，并将其数据类型更改为数字类型。

8. 将操作更改为看起来像一个百分号（模运算符）的算术运算符。

模数运算符当然用于执行模运算。模运算告诉你把一个数除以另一个数之后的余数。

9. 将第二个运算数更改为 2，改变它的数据类型为数字类型。

10. 单击 Operate（运算）按钮。

该操作的结果是 1。你知道为什么吗？模（余数）运算计算出第一个操作数可以均匀成多少个第二个操作数，并返回剩下的数。

11. 第二个操作数更改为 2.5。

你能猜出结果会是什么吗？

12. 单击 Operate（运算）按钮。

其结果是 1.5，因为 9 可以划分成三个 2.5，并且有余数 1.5，如图 9-9 所示。

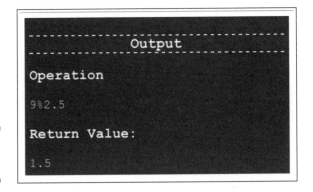

图 9-9

9 除以 2.5 的余数

13. 更改第一操作数的值为 1000000000000（一个 1 与 12 个零，也被称为 1 万亿）。

注意:不要把逗号放到你的数字内。

14. 将运算符更改为 *。

15. 将第二个操作数的值更改为 1000000000000。

16. 单击 Operate（运算）!

结果如图 9-10 所示，看起来非同一般。这就是所谓的科学记数法。它是用更紧凑的空间显示非常大的数字的方式。要将这种类型的数字转换为你习惯于看到的数字类型，将小数点移动到右侧加号后面指定的次数处。

在本例中，JavaScript 给出了 1 万亿乘以 1 万亿的结果是 1e +24。转化后为一个 1 与 24 个零。科学计数法比直接阅读 1000000000000000000000000 快很多。

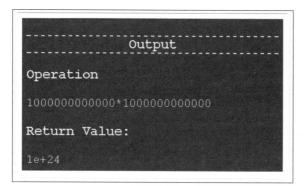

图 9-10

1 万亿乘以 1 万亿的
结果

超级计算器与比较运算符

JavaScript 的比较运算符经常用于测试变量的值，并基于此对其进行选择。大多数情况下，它们被使用于 if...else 语句。（我们将在第 14 章中详细讲解 if...else 语句。）

比较运算符总是返回 true 或 false。

让我们回到超级计算器，并尝试一些比较操作：

1. 在 JSFiddle.net 中打开超级计算器程序。

2. 进入第一个操作数输入区域，输入数字 5，然后从数据类型下拉菜单中选择数字。

3. 从比较运算符列表中选择等号（= =）。

4. 将相同的数字（5）输入到第二个操作数的输入区域，并选择数字类型作为数据类型。

5. 单击 Operate（运算）按钮。

结果将在输出区域中显示，如图 9-11 所示。

太棒了！所以，现在你知道,5 等于 5 了。

接下来，让我们尝试换一些东西，看看还有什么有趣的事情发生在比较运算中。

1. 将 5 留在两个操作数的输入区域中，但将第一个输入区域的数据类型更改为字符串。

2. 确保等号（= =）仍处于选中状态。

3. 单击 Operate(运算) 按钮。

你在做的运算是比较 "5" 和数字 5，结果如图 9-11 所示。

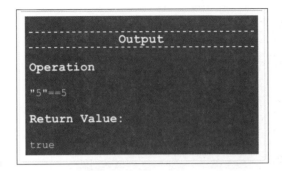

图 9-11

比较字符串和数字的
运算

这个运算的结果是有趣的，因为这个运算符被称为相等运算符，但它说数字 5 和一个
包含数字 5 的字符串是相等的。发生的情况是，相等运算符做了一个叫类型转换的事情，
使包含 5 的字符串在做比较之前转换为一个数字。

相等运算符的这种类型转换功能可以是程序中的 bug 来源。正因为如此，我们建议你
不要使用等号。请仔细阅读，找出我们建议使用什么来代替。

JavaScript 有另一种比较运算，即全等运算符，它并不为你做类型转换。请按照下
列步骤来尝试使用全等运算符：

1. 将两个操作数都设置为同一个数。

任何数字都可以，但我们喜欢 37。

2. 将第一个操作数的数据类型更改为数字、第二个操作数的数据类型更改为字符串。

3. 选择 === 比较运算符。

这是全等运算符。

4. 单击 Operate(运算) 按钮。

结果如图 9-12 所示。不像等号（ == ），全等运算符（ === ）认为一个数字和一个包
含数字的字符串是两个完全不同的事物。

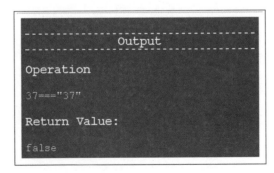

图 9-12

一个数字和一个字符
串是不一样的

有时候，你还需要检查某些事物是否不相等。JavaScript 还提供了不等于运算符，其工作方式与等于运算符相同，只是结果相反，可以把它们当作等于运算符的孪生兄弟。

正如等号（＝＝）不应该在程序中被使用，它的双胞胎兄弟不等号（！＝）也不应该在程序中被使用。

1. 输入一个数字作为第一个操作数（比如 99），并设置数据类型为数字。

2. 选择不等号（！＝）。

3. 输入 99 作为第二个操作数，并选择字符串作为数据类型。

4. 单击 Operate（运算）按钮。

结果是 `false`，如图 9-13 所示，这意味着该! = 运算认为 99 和 "99" 是相等的。

5. 操作数相同，只是将操作符更改为不全等运算符（！ ==）。

6. 单击 Operate（运算）按钮。

结果是 true，如图 9-14 所示，这意味着不全等运算符认为这两个值是不相等的。

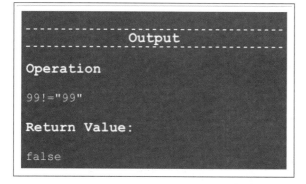

图 9-13

！＝ 操作符和不同的数据类型

图 9-14

！== 运算符认为字符串和数字是不同的

比较运算符也可以用来测试一个数是否大于或小于另一个数。让我们来看看比较操作符：

1. 将第一个操作数更改为 10，并选择数字数据类型。

2. 将运算符更改为大于号（>）。

大于和小于运算符看起来像鳄鱼。鳄鱼总是想吃较大的东西。如果鳄鱼的嘴朝向更大的数字，结果将是真！

3. 将第二个操作数更改为 5，选择数字数据类型。

4. 单击 Operate（运算）按钮。

结果正如你所期望的，是真。10 是大于 5 的。

JavaScript 还可以测试一个数是否大于等于另一个数。按照下面这些步骤来尝试一下：

1. 将第一个操作数更改为 10，并选择数字数据类型。

2. 将运算符更改为大于等于（>=）。

3. 将第二个操作数更改为 10，并选择数字数据类型。

4. 单击 Operate（运算）按钮。

结果是真，如图 9-15 所示，因为 10 大于等于 10。

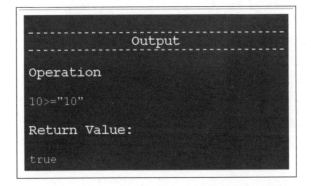

图 9-15

10 大于等于 10

小于和小于等于运算符与大于和大于等于运算符的工作方式相同。如果你喜欢，可以自己尝试下！

超级计算器的技巧

JavaScript 在与运算符工作时会展示一些惊喜。当你理解它们背后的逻辑后，这一切才有意义。遵循下面这些步骤来看几个有趣的 JavaScript 操作：

1. 将第一个操作数更改为 1，并用一个数字数据类型。

2. 将运算符更改为加法运算符（+）。

3. 将第二个操作数更改为 1，并用一个字符串数据类型。

4. 单击 Operate（运算）按钮。

结果是 11。这里发生的是 JavaScript 认为在你的加法运算中有一个值是一个字符串，你想让它们都做类似字符串的处理。然后，返回串联 "1" 和 "1" 的结果。

5. 更改第一个操作数的数据类型为字符串，其值更改为 10。

6. 将运算符更改为大于号（>）。

7. 将第二个操作数的数据类型设为数字，并将其值更改为 5。

8. 单击 Operate（运算）按钮。

有趣！结果如图 9-16 所示，仍然是正确的。不同于等于运算符，大于和小于比较运算符没有严格的比较值的方法。如果两者是数字，可以和一些包含数字的字符串进行比较。一个数字和一个包含数字的字符串比较，JavaScript 会认为它们都是数字。

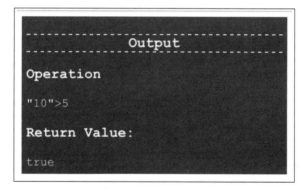

图 9-16

"10" 是大于 5 的

超级计算器还有许多其他的秘密。花一些时间，并尝试破解它。如果你喜欢，就看看使其工作的 JavaScript、CSS 和 HTML 代码。通过阅读代码中的注释，发现它是如何工作的。

最后，尝试改变一些代码。你可以使超级计算机更超吗？

一如既往，我们期待着看到你的修改！可以在 Facebook 或 Twitter 与我们分享你的作品！

第 10 章
创建 JavaScript 文字游戏

单词替换游戏给你一个基本的故事结构，并要求你提供讲话的不同部分：名词，动词，形容词，副词，等等。如果你仔细想想，这些游戏都与 JavaScript 的 web 应用程序非常相似。其基本结构由 HTML、CSS 和 JavaScript 代码提供。JavaScript 代码中的变量使程序的每一次运行程序结果都不同。

在这一章中，我们将创造一个词语替换游戏，通过使用字符串串联运算符，将你输入的单词和一个故事串联起来。

创建一个可变的故事

第一个游戏版本，我们写了一个关于 JavaScript 机器人 Douglas 冒险的故事。然后，我们去掉了一些单词，并用一部分单词替换它们，让玩游戏的人可以进行填补。

下面是关于 JavaScript 机器人 Douglas 的故事与某些去掉的字眼，并预计了取代的输入（下划线）：

One adjective day, Douglas was verb ending in "－ing" in his room in house, reading a book about color plural noun.

As he past-tense verb his beverage, he heard type of music music playing in the different room in house.

exclamation! he exclaimed, as he past-tense verb down the stairs to join the adjective party.

Douglas danced the name of animal Dance, the name of city Twist, and took the prize for dancing the best Electric verb.

现在，我们有了故事，让我们围绕它建立一个 JavaScript 程序，接受来自用户的输入，并输出定制的、搞笑的故事。

创建单词替换游戏

单词替换游戏将会用到目前为止你在本书学到的知识，包括变量、运算符、事件处理程序、HTML、CSS、输入和输出等！

在开始创建游戏之前，让我们先尝试一下，看看它的行为：

1. 打开浏览器，进入 JSFiddle 公共面板中的 "fiddle"。

2. 找到名为 Chapter 10 － Word Replacement Game 的项目，并单击标题打开程序。

完成的单词替换游戏项目将被打开。

3. 根据屏幕大小调整结果面板的大小，使其适当显示。

左侧有下划线标签的输入区域都应该合适地显示在屏幕中，而不是包裹成一行。你也应该在输入区域的右侧看到一个很短的虚线边框的矩形。完成的故事将显示于此。

4. 单击右侧第一个问题上面的下划线，选择文本输入区域。

5. 在输入区域中输入一个值。

当输入完所需的值后，按 Tab 键或单击该页上的下一个输入区域，并填充内容。

6. 当完成了所有字段的填充后，请单击窗体底部的 Replace 按钮。

Douglas 的冒险故事将显示在右侧，并伴有你在输入区域输入的单词，如图 10-1 所示。

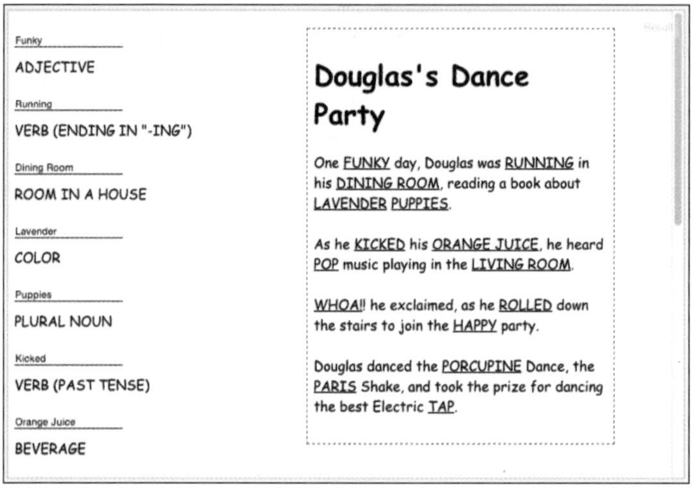

图 10-1

完成的 Douglas 的冒险故事

现在，你已经看到了程序是如何工作的，让我们开始从头建立它。当你知道如何建立游戏后，就将能够对其进行添加、改善，甚至完全改变故事！

按照这些步骤，从头开始创建你自己版本的单词替换游戏：

1. 通过在浏览器菜单中选择 New Tab，或者按⌘+C (Mac) 或 Ctrl+C (Windows)，打开一个新的浏览器标签，并在新标签中进入 JSFiddle 网站。

2. 通过检查屏幕右上角的用户名确保你已经登录了 JSFiddle。

登录后，你就准备好了！

3. 单击左侧导航栏中的 Fiddle Options 链接，并为新程序输入一个名称。

例如，可以称之为 Douglas 的舞会。

4. 单击顶部菜单中的 Save。

现在你可以开始程序的 HTML 部分了！

编写 HTML

单词替换游戏有三个主要区域或部分：

▶ **问题区:**程序提示输入单词的输入区域。

▶ **按钮区:**包含 Replace It 的按钮，将在问题区域的下面，其作用是将输入添加到故事中。

▶ **故事区:**单击 Replace It 按钮取代后，显示用户输入和故事串联在一起的区域。

我们要做的第一件事情就是创建这三个区域。我们将使用 div 元素创建每一个区域。

1. 在 HTML 面板中输入三个 `<div>` 元素。

每个 `<div>` 都将有一个与其用途相关的唯一 id 属性。第一个 `<div>` 的 id 将是 inputWords。我们希望第二个 `< div >` 在第一个 `<div>` 的里面，我们会将其 id 设置为 buttonDiv，如下所示:

```
<div id="inputWords">

<div id="buttonDiv"></div>

</div>
<div id="story"></div>
```

2. 接下来创建输入区域的结构。

我们将使用一个 HTML 无序列表来保存所有的输入字段。在第一个 div 结构内，使用下面的 HTML 来创建结构:

```
<ul>
  <li></li>
</ul>
```

3. 在 `<li>` 元素内创建第一个输入字段。

使用输入元素 type ="text" 和 id="adj1":

```
<input type="text" id="adj1" />
```

注意，我们在输入字段的关闭括号之前放了一个斜杠 (/)。虽然在 HTML5 中不需要，但是当你在元素后面使用斜杠时,JSFiddle 倾向于格式化带斜杠的标签，例如 `<input>` 和 `<br>` 元素。

4. 通过添加一个 `<br>` 标记，其后紧跟标签，来在输入区域下面添加一个标签:

```
<br />Adjective
```

5. 通过在单词 Adjective 后添加下面的标记来关闭 `<li>` 元素:

```
</li>
```

6. 在下一行添加一条 HTML 注释，作为随后需要添加到程序中其他输入区域的占位符。

```
<!-- put other input fields here -->
```

HTML 以 <!--开始，以 --> 结尾。

7. 在 HTML 面板所有标记的下面添加第三个 \<div\> 元素。

```
<div id="story"></div>
```

如果全部输入正确，你的 HTML 面板现在应该看起来像下面这样：

```
<div id="inputWords">
  <ul>
    <li><input type="text" id="adj1" /><br />Adjective</li>
<!-- put other input fields here -->

  </ul>
<div id="buttonDiv"></div>
</div>
<div id="story"></div>
```

8. 单击 Update，查看现在 web 应用程序的输出。

它应该看起来如图 10-2 所示。

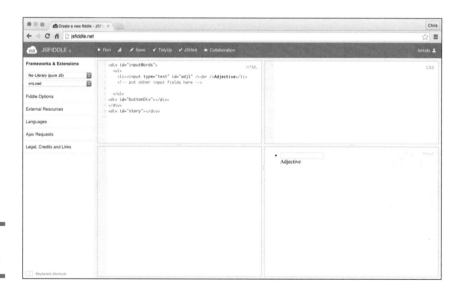

图 10-2

单词替换游戏的开始

现在我们将在 HTML 面板做的最后一步是创建按钮。

9. 将光标定位于 id 是 buttonDiv 的 div 内，然后输入以下内容：

```
<button id="replaceButton">Replace it!</button>
```

10. 再次单击 Update。

你现在有一个输入区域、一个位于该区域下的标签和一个位于两者下方的按钮，如图 10-3 所示。

图 10-3
基本的组件到位

由于其他的输入区域都只是第一个的副本，因此我们将不会再指导你如何创建它们。你可以复制第一个输入区域来创建剩余部分，也可以随时将其从已完成程序的 HTML 页面中复制出来。

让我们移步到 CSS 面板！

样式化文字游戏

在正确进入样式之前，让我们先谈谈如何组织 CSS。

当你在一个应用中使用了很多 CSS 时，以某种方式组织它就变得很重要，此举将方便你在后边想编辑样式时能够很容易地找到它。

组织 CSS 文件的方法之一是它们适用于 HTML 文档的哪些部分。通常情况下，这种方法将使得样式列表的顺序与 HTML 中元素的顺序大致相同。

按此方法，我们要设计的第一个元素是 body 元素，其次是输入区域的容器，然后是列表，接着是输入区域，等等。

下面让我们开始设计样式吧！遵循这些步骤将样式应用到单词替换游戏中：

1. 在 body 元素内使用 font-family 样式，更改文档中的所有文本字体。

我们要用超有趣的 Comic Sans 字体：

```
body {
    font-family: "Comic Sans MS";
}
```

访问 www.w3schools.com/cssref/css_websafe_fonts.asp，查看其他常用的字体列表。

2. 使用以下规则设置输入区域部分的样式：

```
#inputWords {
    float:left;
    width: 45%;
}
```

此规则中的 float:left 属性将使 `<div>` 沿其容器（在本例中是文件的 body 元素）的左边缘放置。其他元素将围绕在它周围。

在实际中，float:left 将会使包含输入区域的 `<div>` 放置于包含已完成故事的 `<div>` 的一边，而不是在它上面。

3. 使用以下两个规则样式化列表：

```
ul {
    list-style-type: none;
    padding: 0px;
    margin: 0px;
}
li {
    line-height: 2em;
    text-transform: uppercase;
    margin-top: 8px;
}
```

下面是这些规则中每个属性对列表做的事情：

● list-style-type 属性将删除列表中每个项目的左边点（子弹）。

● 设置 padding 和 margin 为 0px，使列表左侧与页面上的其他文本对齐。

● 设置 `<li>` 的 line-height 创建列表项之间的空间。如果没有这个属性，元素之间将十分接近。

`<li>` 元素的 text-transform 属性使所有输入区域的标签位于输入区域的下面，并以大写字符显示。

margin-top 属性创建列表项之间更多的空间。

4. 有了这些新的 CSS 规则，单击 Update 查看最新版本的应用程序。

接下来将对输入区域、按钮和故事进行一些格式设置。

5. 输入以下内容到 CSS 面板中：

```
input[type=text] {
    border-width: 0 0 1px 0;
    border-color: #333;
}
#buttonDiv {
    text-align: center;
```

```
}
#replaceButton {
    margin-top: 30px;
    width: 200px;
}
#story {
    margin-top: 12px;
    width: 45%;
    border: 1px dashed blue;
    padding: 8px;
    float: left;
}
.replacement {
    text-decoration: underline;
    text-transform: uppercase;
}
```

6. 单击 Update 按钮以保存修改。

结果面板现在看起来应该如图 10-4 所示。

图 10-4

应用了所有 CSS 样式
的结果面板

要创造一个很好的 JavaScript Web 应用程序，不仅仅需要 JavaScript 代码，还需要很多其他的东西。现在，我们有了这些内容，已经准备好继续写 JavaScript 了!

编写 JavaScript 代码

我们将在 JavaScript 面板中做的第一件事就是创建按钮的事件处理程序。我们将使用第 7 章讲解的 addEventListener 方法。

```
var replaceButton =
        document.getElementById("replaceButton");
replaceButton.addEventListener("click",replaceIt);
```

第一行创建一个变量（replaceButton）来保存按钮元素的引用。第二行使用引用，使一个函数（replaceIt）和一个事件（click）关联起来。

现在让我们开始创建 replaceIt 函数。

1. 为名为 replaceIt 的函数写一个空函数定义。

```
function replaceIt() {}
```

2. 花括号内输入一个换行符，然后创建一个变量，代表一个放置已完成故事的 `<div>` 元素。

```
var storyDiv = document.getElementById("story");
```

一会我们将回来并使用 `storyDiv` 变量。现在，我们的下一个任务是从 HTML 的输入区域检索值。

3. 创建一个变量来保存第一个 HTML 输入区域的值。

```
var adj1 = "<span class='replacement'>"+ document.
            getElementById("adj1").value + "</span>";
```

请注意，我们使用了字符串串联运算符包将值（使用了 `document.getElementById` 的地方）与 HTML`<span>` 元素粘合在一起。该程序使用此 `</span>` 元素使用用户输入的文本样式不同于故事中的其他文本。

4. 创建 adj1 变量后写一条注释。

```
/* Insert more variable definitions here */
```

注释会提醒你，稍后需要回到这里，为每一个添加到 HTML 面板中的其他 HTML 输入区域添加变量。

5. 创建一个将被用来把故事连在一起的变量。

我们将把变量命名为 `theStory`:

```
var  theStory;
```

6. 将标题放到 `theStory` 内，并将其放到 `<h1>` 元素内。

```
theStory = "<h1>Douglas's Dance Party</h1>";
```

7. 使用串联 / 赋值运算符 `+=` 将故事的第一部分添加到 `theStory` 中。

此运算符将新值添加到已存储在变量中的任何值中。

```
theStory += "One " + adj1 + " day,";
```

8. 再次写一条注释，提醒你完成基本功能之后回来添加故事的其余部分。

```
/* Put the rest of the story here, using the += operator */
```

9. 使用 innerHTML 以在我们为故事创建的 div 里面显示 theStory 的值。

```
storyDiv.innerHTML = theStory;
```

写了这一行之后，JavaScript 面板里面的代码现在看起来应该如下所示:

```
var replaceButton = document.getElementById("replaceButton");
replaceButton.addEventListener("click", replaceIt);
```

```
function replaceIt() {
    var storyDiv = document.getElementById("story");
    var adj1 = "<span class='replacement'>" + document.
            getElementById("adj1").value + "</span>";
    /* Insert more variable definitions here */
    var theStory = "<h1>Douglas's Dance Party</h1>";
    theStory += "One " + adj1 + " day,";
    /* Put the rest of the story here, using the += operator */
    storyDiv.innerHTML = theStory;
}
```

如果你的代码没有像这段 JavaScript 代码一样被很好地格式化，单击顶部菜单的 TidyUp 按钮。这个按钮会做你所期待的事情：它把一切清理干净，设置好所有的制表符，并使你的代码更易于阅读。

现在是你一直在等待的那一刻！单击顶部菜单的 Update 按钮，让我们用行动来查看单词替换游戏的第一个版本！

试着在输入区域输入字段，然后按 Replace It 按钮来查看你辛勤工作的结果，如图 10-5 所示。

图 10-5
生成的故事

整理程序

你现在有了单词替换游戏的所有组成部分。整理它只是一个为每个待补充的单词重复以下三个步骤的事情。

1. 复制一份输入区域的代码，并更新 id 属性和标签的值。

2. 复制一条包含 getElementById 的 JavaScript 语句，并改变括号中的变量名和值。

　　3. 给 `theStory` 变量添加更多包含在新变量中的文本。

　　让我们尝试以上三个步骤来将故事的下一部分（一个以"ing"结尾的动词）添加到游戏中。

　　1. 在 HTML 页面中选择下列代码，并复制一份。

```
<li><input type="text" id="adj1" />
<br />Adjective</li>
```

　　2. 把代码的副本粘贴在原始代码之后。

　　3. 更改 id 的属性值为 `verbIng`。

　　4. 按如下所示的代码修改输入区域下面的标签：

```
Verb (ending in "-ing")
```

　　5. 在 JavaScript 面板中复制以下语句：

```
var adj1 = "<span class='replacement'>"+
document.getElementById("adj1").value + "</span>";
```

　　6. 把代码的副本粘贴在原始代码之后。

　　7. 将变量名称修改为 `verbIng`，并将 `getElementById` 后括号内的值修改为 `verbIng`。

　　新的语句应该是这样的：

```
var verbIng = "<span class='replacement'>"+
document.getElementById("verbIng").value + "</span>";
```

　　8. 复制以下语句：

```
theStory += "One " + adj1 + " day,";
```

　　9. 在下一行粘贴副本，并将其修改成如下所示：

```
theStory += " Douglas was " + verbIng;
```

　　10. 单击 Update 保存工作。

　　现在，测试程序，它应该看起来如图 10-6 所示。恭喜，你已经将第二个问题添加到游戏中了！

　　重复上述十步，将更多的问题添加到你的游戏中。完成后，HTML 面板中的标签应该如列表 10-1 所示，并且 JavaScript 面板中的代码应该与列表 10-2 相匹配。

列表 10-1 HTML 页面中完整的标签

```html
<div id="inputWords">
    <ul>
        <li><input type="text" id="adj1" /><br>Adjective</li>
        <li><input type="text" id="verbIng" /><br>Verb (ending
            in "-ing")</li>
        <li><input type="text" id="roomInHouse" /><br>Room in a
            house</li>
        <li><input type="text" id="color" /><br>Color</li>
        <li><input type="text" id="nounPlural" /><br>Plural
            noun</li>
        <li><input type="text" id="pastVerb" /><br>Verb (past
            tense)</li>
        <li><input type="text" id="beverage" /><br>Beverage</li>
        <li><input type="text" id="musicType" /><br>Type of
            music</li>
        <li><input type="text" id="diffRoom" /><br>Different room
            in a house</li>
        <li><input type="text" id="exclamation"
            /><br>Exclamation</li>
        <li><input type="text" id="pastVerb2" /><br>Verb (past
            tense)</li>
        <li><input type="text" id="adjDance" /><br>Adjective</li>
        <li><input type="text" id="animal" /><br>Animal</li>
        <li><input type="text" id="city" /><br>City</li>
        <li><input type="text" id="verb" /><br>Verb</li>
    </ul>
<div id="buttonDiv">
<button id="replaceButton">Replace it!</button>
</div>
</div>

<div id="story"></div>
```

列表 10-2 JavaScript 面板中完整的代码

```javascript
var replaceButton = document.getElementById("replaceButton");
replaceButton.addEventListener("click",replaceIt);

function replaceIt() {
    var storyDiv = document.getElementById("story");
    var adj1 = "<span class='replacement'>"+ document.
            getElementById("adj1").value + "</span>";
    var verbIng = "<span class='replacement'>"+ document.
            getElementById("verbIng").value + "</span>";
    var roomInHouse = "<span class='replacement'>"+ document.
            getElementById("roomInHouse").value + "</span>";
```

```
var color = "<span class='replacement'>"+ document.
        getElementById("color").value + "</span>";
var nounPlural = "<span class='replacement'>"+ document.
        getElementById("nounPlural").value + "</span>";
var pastVerb = "<span class='replacement'>"+ document.
        getElementById("pastVerb").value + "</span>";
var beverage = "<span class='replacement'>"+ document.
        getElementById("beverage").value + "</span>";
var musicType = "<span class='replacement'>"+ document.
        getElementById("musicType").value + "</span>";
var diffRoom = "<span class='replacement'>"+ document.
        getElementById("diffRoom").value + "</span>";
var exclamation = "<span class='replacement'>"+ document.
        getElementById("exclamation").value + "</span>";
var pastVerb2 = "<span class='replacement'>"+ document.
        getElementById("pastVerb2").value + "</span>";
var adjDance = "<span class='replacement'>"+ document.
        getElementById("adjDance").value + "</span>";
var animal = "<span class='replacement'>"+ document.
        getElementById("animal").value + "</span>";
var city = "<span class='replacement'>"+ document.
        getElementById("city").value + "</span>";
var verb = "<span class='replacement'>"+ document.
        getElementById("verb").value + "</span>";

var theStory = "<h1>Douglas's Dance Party</h1>";
theStory += "One " + adj1 + " day,";
theStory += " Douglas was " + verbIng;
theStory += " in his " + roomInHouse;
theStory += ", reading a book about " + color;
theStory += " " + nounPlural + ".<br><br>";
theStory += "As he " + pastVerb;
theStory += " his " + beverage;
theStory += ", he heard " + musicType;
theStory += " music playing in the " + diffRoom + ".<br><br>";
theStory += exclamation + "! he exclaimed, as he ";
theStory += pastVerb2 + " down the stairs to join the ";
theStory += adjDance + " party.<br><br>";
theStory += "Douglas danced the " + animal;
theStory += " Dance, the " + city + " Shake,";
theStory += " and took the prize for dancing the best Electric
        " + verb + ".<br><br>";

storyDiv.innerHTML = theStory;

}
```

输入完所有的问题和 JavaScript 代码来生成整个故事后，它将用输入到文本区域的文本取代故事中所有的空格，如图 10-6 所示。

现在，你已经有了单词替换游戏的工作副本，可以随时使用顶部菜单的 Fork 按钮进行复制，并尝试对其进行定制，以讲述你自己的故事！

如果你的程序不能像你期望的那样正常工作，仔细检查你的代码，并将它与我们的代码进行逐行对比。可能你会发现问题只是由一个不起眼的错别字引起的。访问 www.dummies.com/extras/javascriptforkids，阅读关于调试 JavaScript 程序的提示。

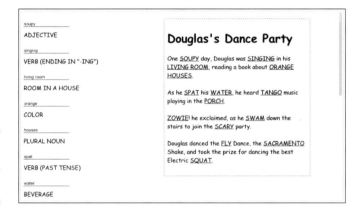

图 10-6

正常运行的单词替换游戏

第 4 部分

数组和函数

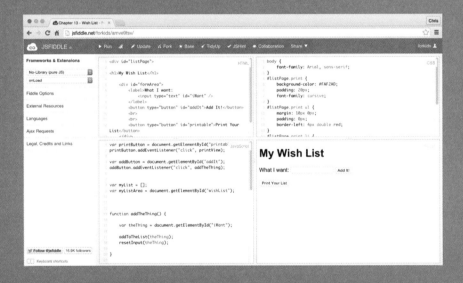

这一部分里……

第 11 章
创建和修改数组

谁不喜欢列表？列表无处不在，并且在日常生活中，我们无时无刻不在使用它们。无论你在关注最喜爱的歌曲，亦或是写下今天所要做的事情，还是在互联网上观看十大最可爱的动物图片，列表帮助我们组织和理解世界。

在计算机编程中，我们使用数组来存储数据列表。在本章中，我们将向你展示如何创建数组，如何改变数组中的值，以及如何使用数组来完成程序中有用的东西。

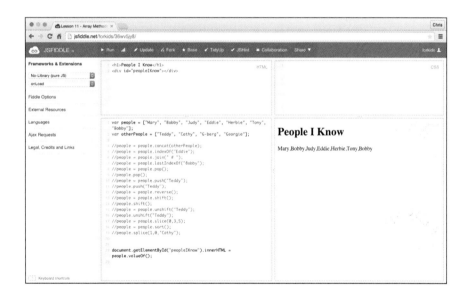

什么是数组

数组是一种特殊类型的变量，可以使用相同的名称存储多个值。你可以把一个带有多个抽屉的梳妆台想象成一个数组。每个抽屉可以容纳不同的东西，但整体而言，它仍然是你的梳妆台。

如果你想告诉别人到哪个抽屉找袜子，你可以说，"袜子放在最上面的抽屉里。"如果它们在下一个抽屉里，你会说，"他们在从上面开始数的第二个抽屉里。"如果你要做一个列表来显示梳妆台的每个抽屉是什么，你可能会做类似的事：

最上面的抽屉：袜子

第二个抽屉：衬衫

第三个抽屉：裤子

如果你理解了梳妆台是如何放置你的衣服的，就为理解 JavaScript 数组是如何组织数据的做了一个良好的铺垫。

如果想创建一个 JavaScript 数组来描述梳妆台内的物品，可以使用下面的代码：

```
var dresser = ["socks","shirts","pants"];
```

这条语句创建了三个"抽屉"（在 JavaScript 中被称为元素）。当你想知道每个元素内放置的内容是什么时，就可以问一下 JavaScript。例如，要找出第三个元素所盛放的内容，你可以使用以下操作：

```
dresser[2]
```

`dresser[2]` 的值是 `pants`。

正如第 3 章所述，JavaScript 从零开始计数。因此，数组第一个元素的下标是 0，第二个是 1，第三个是 2。

一个 JavaScript 数组可以容纳元素的最大数量为 42.9 亿。因此，几乎你想列出的任何东西都可以放入数组中！

既然你已经明白了数组是如何工作的，现在就让我们来谈谈如何创建它们吧。

创建和访问数组

创建数组和创建变量的方法相同：都用 var 关键字。然而，为了让 JavaScript 知道你正在创建的对象不只是一个普通的变量，需要在其后紧跟一对方括号。

要创建一个什么内容也没有的空数组，只需使用一对空方括号，就像这样：

```
var favoriteFoods = [];
```

要创建里面包含数据的数组，只需在括号内放值，以逗号分隔即可：

```
var favoriteFoods = ["broccoli","eggplant",
          "tacos","mushrooms"];
```

存储不同类型的数据

数组可以容纳 JavaScript 内任何不同类型的数据，包括数字、字符串、布尔值和对象。

事实上，一个数组可以包含多个不同的数据类型。例如，下面的数组定义创建了一个包含数字、字符串和布尔值的数组：

```
var myArray = [5, "Hi there", true];
```

和创建常规变量一样，数组中的字符串值必须在单引号或双引号之内。

获取数组值

为了获取一个数组元素的值，需要使用数组的名称，其后紧跟包含待检索元素位置的方括号。例如：

```
myArray[0]
```

使用我们在前面创建的数组 myArray，将返回数字 5。

在数组中使用变量

你也可以在数组定义时使用变量。例如，在下面的代码中，我们创建了三个变量，然后在数组定义中使用了这些变量：

```
var firstName = "Neil";
var middleName = "deGrasse"
var lastName = "Tyson";
var Scientist = [firstName, middleName, lastName];
```

由于变量是值的替身，因此这四条语句的结果与下面语句的结果是完全一样的：

```
var Scientist = ["Neil","deGrasse" "Tyson"];
```

要了解关于数组的更多内容，让我们开始在 JavaScript 控制台中练习设置、检索和改变数组元素。

改变数组元素的值

JavaScript 提供了多种修改数组的方式。

第一种方法是给一个现有的数组元素赋一个新的值。这和赋值一样简单。在 JavaScript 控制台中遵循以下步骤来了解其工作原理：

1. 使用下面的语句创建一个新的数组：

```
var people = ["Teddy","Cathy","Bobby"];
```

2. 使用这条语句，打印数组内所有元素的值：

```
console.log(people);
```

JavaScript 控制台返回你在上一步中输入的相同元素列表。

3. 通过输入以下语句更改第一个元素的值，然后按 Return 或 Enter：

```
people[0] = "Georgie";
```

4. 使用下面的语句打印数组元素的值：

```
console.log(people);
```

第一个数组元素的值已从"Teddy"变为 "Georgie"。

现在轮到你了。你可以修改数组，使其以如下顺序包含在姓名列表中吗？

```
Mary, Bobby, Judy, Eddie, Herbie, Tony
```

有了名字列表或任何其他的列表，你都可以对它们做很多事情，比如对它们进行排序、添加、删除和比较等。

使用数组方法

数组方法是 JavaScript 可以用来完成某些事情的内置方法。这些方法可能是使用 JavaScript 数组的最好部分。一旦你知道如何使用它们，就能为你节省大量的时间和精力。此外，它们还很有趣！

JavaScript 的内置队列方法如表 11-1 所示。

表 11-1   JavaScript 的数组方法

方法	描述
concat()	一个新数组由当前的数组与其他数组和 / 或值拼接
indexOf()	返回数组内指定值第一次出现的位置，如果没有找到，就返回 -1
join()	数组中所有的元素都添加一个字符串
lastIndexOf()	返回数组中指定值最后一次出现的位置，如果找不到值，就返回 -1

续表

方法	描述
pop()	移除数组中的最后一个元素
push()	将新列表项添加到数组的结尾
reverse()	反转数组中元素的顺序
shift()	从数组中移除第一个元素，并返回第一个元素的值，从而导致数组长度的变化
slice()	截取数组的一部分，并将其作为一个新的数组
sort()	返回数组元素排序后的数组（默认排序顺序是按字母升序）
splice()	返回一个包含被添加到或从一个给定数组中被删除的元素的新数组
tostring()	将数组转换为字符串
unshift()	通过添加一个或多个元素返回一个有新长度的数组

学习数组中的方法

没有在实际的例子中看到它们之前，数组的方法是很难被理解的，让我们进入 JSFiddle，然后尝试一些方法！

1. 在你的网页浏览器内进入 JSFiddle 网站并登录。

2. 打开公共面板 JSFiddle 中的 "fiddle"。

3. 找到名为 "Lesson 11 – Array Methods – Start" 的项目，并通过单击标题打开项目。

4. 单击顶部菜单中的 Fork 链接，创建你自己的程序版本。

5. 将你的程序名称更改为 "（你的名字）Array Methods"。

6. 单击 Update，然后单击顶部菜单中的 Set as Base，以保存你的程序。

程序应该如图 11-1 所示。在 JavaScript 面板中有两个数组，在 HTML 面板中有两个 HTML 元素，并且在结果面板中显示着一个标题。

在本例中，我们创建了一个简单的程序，在运行时，使用数组方法来修改一个数组或创建一个新的数组。然后，该程序将数组作为结果面板中的列表输出。

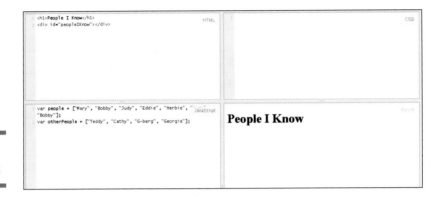

图 11-1

我们项目的开始节点

toString() 和 valueOf()

toString() 和 valueOf() 方法做同样的事情:将数组转换为字符串,并用逗号分隔每个元素。

我们的程序将使用 toString() 语句告诉浏览器在哪里显示数组值。

按照以下步骤创建输出语句:

1. 单击 JavaScript 面板内部,然后按 Return 或 Enter 键在创建 otherPeople 数组的语句后插入一些换行符。

2. 在新行中输入以下内容:

```
document.getElementById("peopleIKnow").innerHTML =
              people.toString();
```

此语句将 people 数组中的值作为列表写出。

3. 单击 Update 按钮。

people 数组中的值将显示在结果面板中,如图 11-2 所示。

4. 在 JavaScript 面板中使用 valueOf() 替换 toString()。

People I Know

Mary,Bobby,Judy,Eddie,Herbie,Tony,Bobby

图 11-2

people 数组中的值

5. 单击 Update 按钮。

6. 结果面板应该保持不变，这表明 `toString()` 和 `valueOf()` 对数组执行相同的操作。

concat()

按照以下步骤使用 `concat()` 方法将两个数组连接在一起：

1. 在数组定义语句之下、输出语句之上输入以下语句：

```
people = people.concat(otherPeople);
```

2. 单击 Update 按钮。

`concat()` 方法已经将 `people` 数组和 `otherPeople` 数组连接在了一起。然后我们使用赋值运算符（＝）将此操作的结果存储在 `people` 数组中。数组结果如图 11-3 所示。

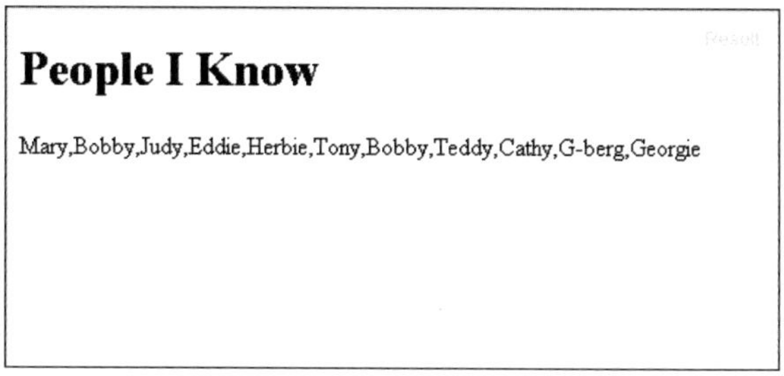

图 11-3

使用 `concat()` 将两个数组相加在一起的结果

People I Know

Mary,Bobby,Judy,Eddie,Herbie,Tony,Bobby,Teddy,Cathy,G-berg,Georgie

indexOf()

`indexOf()` 数组方法在数组元素中查找某个值，并返回该值在数组中的位置。要在 `people` 数组中尝试使用该方法，请按照下列步骤操作：

1. 通过在 `concat()` 方法之前添加两个斜杠将该语句注释掉，如图 11-4 所示。

注释语句将导致它不运行，但是代码仍然在那里，以便你以后再次使用它。

图 11-4

注释语句

```
var people = ["Mary", "Bobby", "Judy", "Eddie", "Herbie", "Tony",
"Bobby"];
var otherPeople = ["Teddy", "Cathy", "G-berg", "Georgie"];

//people = people.concat(otherPeople);

document.getElementById("peopleIKnow").innerHTML =
people.valueOf();
```

2. 输入以下语句，它将在 people 数组中查找字符串"Eddie"。

```
people = people.indexOf("Eddie");
```

3. 单击 Update 按钮保存并运行程序。

结果面板将显示字符串在数组中的位置，如图 11-5 所示。

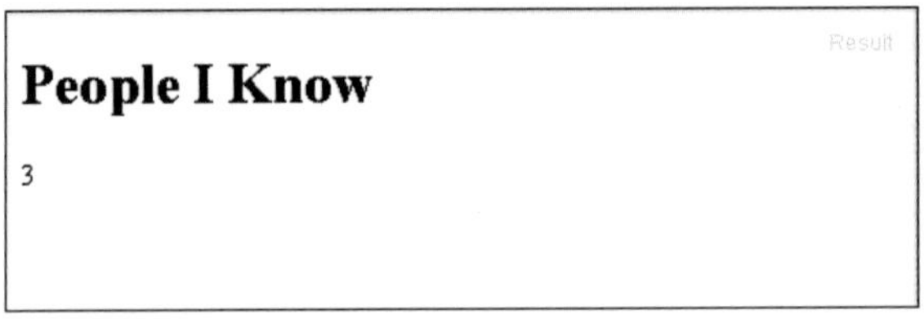

People I Know

Result

3

图 11-5

查找 Eddie

join()

join() 数组方法的行为类似于 toString() 和 valueOf() 方法，因为它将数组的元素连接在一起。但是，join() 方法有一个非常特殊的功能：它允许你指定应该在数组元素之间出现的一个或多个字符。

请按照下列步骤操作，尝试 join() 方法：

1. 注释掉使用了 indexOf() 方法的语句。

2. 在注释语句下面输入以下语句：

```
people = people.join(" # ");
```

3. 单击 Update 按钮保存并运行程序。

结果面板应该会显示用 # 分隔的 people 数组元素，如图 11-6 所示。

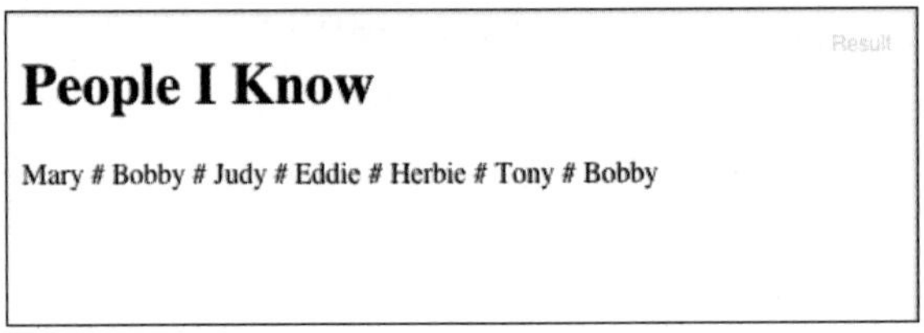

People I Know

Result

Mary # Bobby # Judy # Eddie # Herbie # Tony # Bobby

图 11-6

使用 join()

lastIndexOf()

lastIndexOf() 数组方法告诉你最后一个包含指定值的数组元素的下标。

注意，我们的 people 数组在第二和第七位置（数组元素数字 1 和 6）都包含名字 Bobby。你认为运行 lastIndexOf() 会打印出哪个值？使用这些步骤找出答案：

1. 注释掉前面一个使用了 join() 的语句。

2. 在注释语句下面输入以下语句：

```
people = people.lastIndexOf("Bobby");
```

3. 单击 Update 按钮保存并运行程序。

结果面板应显示数组中字符串 "Bobby" 最后一个位置的下标，如图 11-7 所示。

图 11-7
"Bobby" 的最后位置
下标

People I Know

6

pop()

pop() 数组方法删除并返回数组中的最后一个元素。执行以下步骤查看它的操作：

1. 注释掉前面的语句。

2. 在注释语句下面输入以下语句：

```
people = people.pop();
```

3. 单击 Update 按钮保存并运行程序。

结果面板将显示原始 people 数组中的最后一项。

请注意，我们的语句不仅从 people 数组中删除了最后一项，还将 people 数组的值设置为该项。如果只想从数组中删除最后一个项目，请继续执行以下步骤。

4. 注释掉前面的语句。

5. 在注释语句下面输入以下语句：

```
people.pop();
```

6. 单击 Update 查看结果。

现在，除了最后一项被删除（或"弹出"）之外，人员列表具有相同的元素，图 11-8 所示。

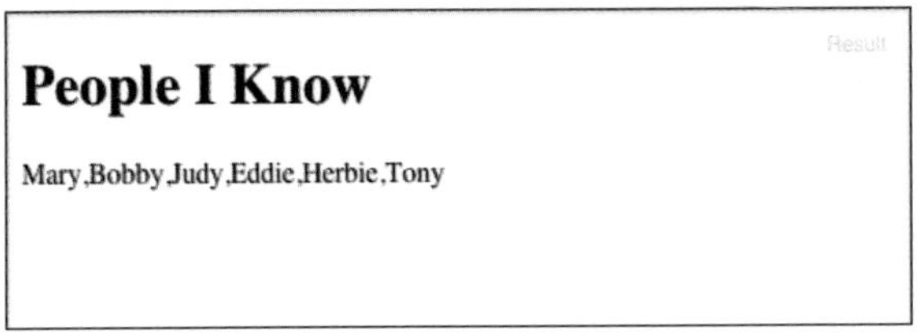

图 11-8
Bobby 已从列表中
弹出

People I Know

Mary,Bobby,Judy,Eddie,Herbie,Tony

push()

push() 数组方法将一个或多个元素添加到数组的末尾,并返回数组的新元素个数(换句话说,就是它的长度)。

请按照下列步骤尝试 push() 操作:

1. 注释掉前面的语句。

2. 在注释语句下面输入以下语句:

```
people = people.push("Teddy");
```

3. 单击 Update。

结果面板将显示 people 数组的新长度:8。然而,通过将 people 的值设置为等于 push() 方法的返回值,我们删除了 people 数组中的所有元素。让我们再次使用 push(),但这次保留 people 数组中的元素。

4. 注释掉前面的语句。

5. 输入以下命令以修改数组,而不将其值更改为返回值:

```
people.push("Teddy");
```

6. 单击 Update 来查看结果,将看到 people 数组元素列表,并且在其末尾添加了 Teddy 元素,如图 11-9 所示。

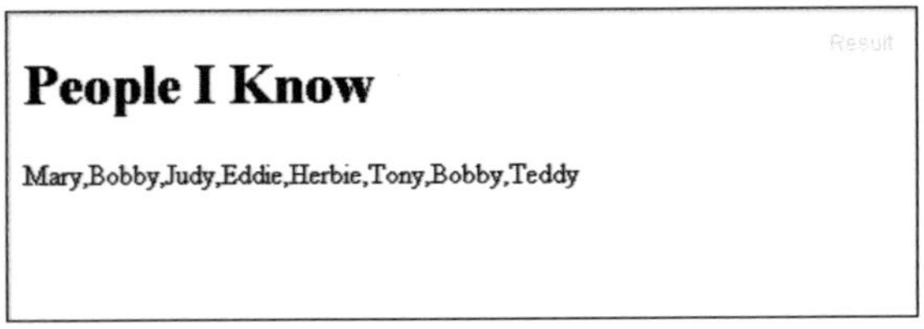

图 11-9
末尾添加了 Teddy 元素的 people 数组

People I Know

Mary,Bobby,Judy,Eddie,Herbie,Tony,Bobby,Teddy

reverse()

reverse() 方法将反转你的数组。第一个元素成为最后一个，最后一个成为第一个，并且之间的一切也将反转。

按照这些步骤查看 reverse() 做的事情。

1. 注释掉前面的语句。

2. 在注释语句之后输入此语句：

```
people = people.reverse();
```

3. 单击 Update。

结果将显示在结果面板中，如图 11-10 所示。如果将结果与原始数组进行比较，你会发现所有元素的顺序都是相反的。

图 11-10

颠倒数组中的元素

People I Know

Bobby,Tony,Herbie,Eddie,Judy,Bobby,Mary

shift() 和 unshift()

shift() 方法从数组中删除第一个元素。要尝试的话，请按照下列步骤操作：

1. 注释掉前面的语句。

2. 在注释语句之后输入此语句：

```
people.shift();
```

3. 单击 Update。

结果面板将会显示在头部删除了 Mary 的新数组，如图 11-11 所示。

图 11-11

shift() 方法删除第一个元素

People I Know

Bobby,Judy,Eddie,Herbie,Tony,Bobby

shift() 有一个成双入对的方法，即 unshift()，它能够将元素添加到数组的开始。请按照这些步骤尝试使用它：

1. 注释掉前面的语句。

2. 在注释语句之后输入此语句：

```
people.unshift("Teddy");
```

3. 单击 Update。

结果面板将显示开头处添加了 Teddy 的人员列表。

slice()

slice() 方法允许你从数组中选择某些元素来创建新数组。按照这些步骤操作：

1. 注释掉前面的语句。

2. 在注释语句之后输入此语句：

```
people = people.slice(0,3);
```

3. 单击 Update。

结果面板显示使用了 slice() 方法之后 people 数组中的元素，如图 11-12 所示。

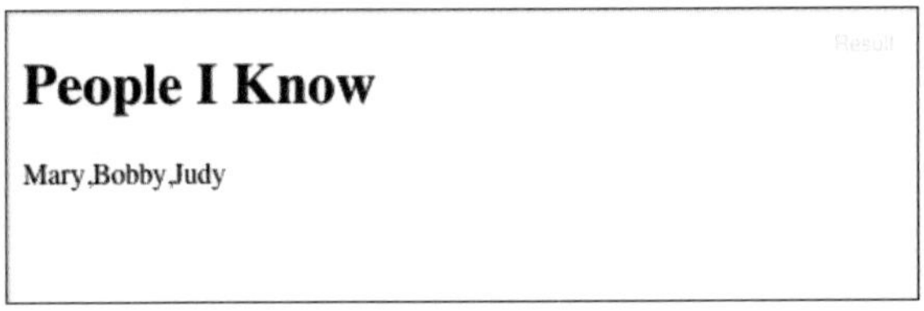

图 11-12

使用 slice() 方法选择某些元素

People I Know

Mary,Bobby,Judy

sort()

sort() 方法将按字母顺序重新排列数组中的元素。要使用 sort()，请按照下列步骤操作：

1. 注释掉前面的语句。

2. 在注释语句之后输入此语句：

```
people = people.sort();
```

3. 单击 Update。

结果面板显示元素已按字母顺序重新排序，如图 11-13 所示。

People I Know

Bobby,Bobby,Eddie,Herbie,Judy,Mary,Tony

图 11-13

元素已重新排序

splice()

splice() 方法允许在特定位置添加或删除元素。要尝试，请按照下列步骤操作：

1. 注释掉前面的语句。

2. 在注释语句之后输入此语句：

```
people.splice(1,0,"Cathy");
```

在第一个元素之后插入值 Cathy，并且不删除任何元素（这就是 0 的意思）。

3. 单击 Update。

在结果面板中，你会看到 Mary 后添加了 Cathy，如图 11-14 所示。

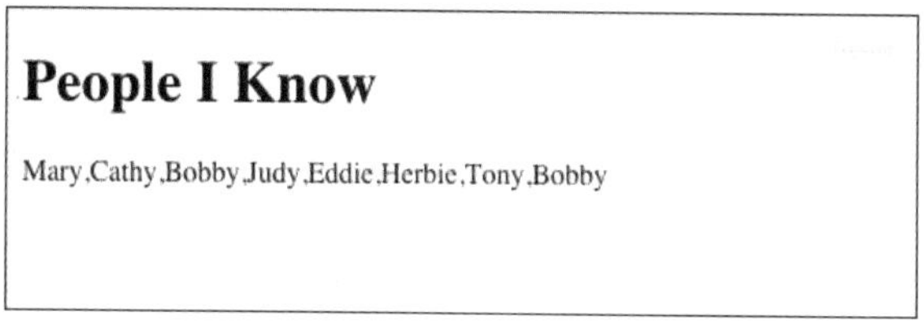

People I Know

Mary,Cathy,Bobby,Judy,Eddie,Herbie,Tony,Bobby

图 11-14

使用 splice()

第 12 章
函数

函数是 JavaScript 程序的构建块。它们帮助你避免不必的重复，使你的程序更整洁、更灵活！

在本章中，我们使用函数来创建一个名为 Function Junction 的游戏。

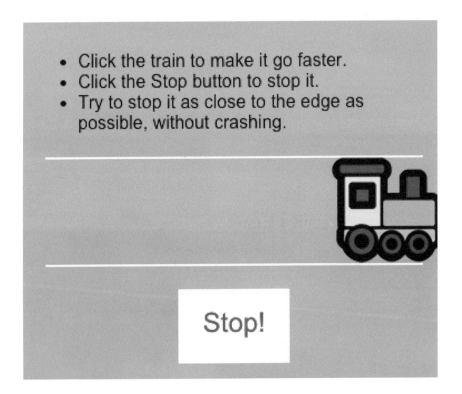

理解函数

函数是程序内部的程序。函数对处理在程序的不同部分可能需要被多次执行的任务时表现尤为突出。它们也是一种使程序内容有组织的良好方法。

内置函数

一些函数被内置到了 JavaScript 中，例如数组、字符串、数字和其他对象的方法。你可以认出它们是函数，因为它们后面有括号。

当一个函数是一个对象（例如 document 对象）的一部分时，我们称之为一个方法，但它仍然是一个函数。

以下是你已经使用过的 JavaScript 中内置的一些函数：

```
getElementById()
toString()
addEventListener()
indexOf()
```

你能想到你见过的其他函数吗？

自定义函数

除了 JavaScript 中内置的函数之外，你还可以使用我们即将向你展示的步骤和信息创建自己的函数！

没有"fun"你不能拼写单词 function，不使用函数，你不能编写 JavaScript 代码。因此，没有 fun（乐趣）你写不了 JavaScript 代码。

如果你已经阅读了前面的章节，就应该已经在实际的演示程序中看到过函数了。这里有一个函数的例子，为你给它的任何文本添加一个笑脸：

```
function smileyIt(theText) {
  theText += " :)";
  return theText;
}
```

按照以下步骤尝试此功能：

1. 在你的网络浏览器中打开 JSFiddle.net。

你应该有一个空白项目。如果其不为空，请单击屏幕左上角的 JSFiddle 徽标。

2. 在 JavaScript 面板中输入 smileyIt() 函数的代码。

3. 单击 Run 按钮。

注意什么也没有发生。与函数外部的 JavaScript 代码不同，函数内部的代码直到函数被调用才会运行。

4. 在函数下面添加以下语句：

```
smileyIt("Hi There!");
```

5. 单击 Run 按钮。

再次，似乎什么也没有发生。但这一次，确实有事情发生了。我们只是没有将运行该函数的结果报告给你。

6. 修改在上一步中写入的语句，将运行函数的结果放入提示框中，如下所示：

```
alert(smileyIt("Hi there!"));
```

7. 单击 Run 按钮。

如果你输入正确的一切，应该得到一个弹出的提示框 Hi there!:)，如图 12-1 所示。

图 12-1

将函数的结果输出到提示框中

Alert() 是 JavaScript 内置函数的另一个示例！

了解函数的组成

函数有一个它们必须写和使用的特殊词汇和方式。要真正理解函数，你需要能够说它们的语言。所以，让我们来看看一对词语并观察函数的一部分，看看里面有什么！

定义函数

当你写一个函数时，这就是在定义它。定义函数使得该函数内的代码可以运行。有两种不同的方法来定义函数。最常见的方法是使用 function 关键字，后跟函数的名称、括号和大括号，如下所示：

```
function myFunction() {
  // statements go here
}
```

定义函数的另一种方法是使用 `new Function` 手法。看起来像这样：

```
var myFunction = new Function() {
  // statements go here
}
```

这两种方法都完成了工作，但我们建议使用第一种更常见的手法。

给定函数头

函数定义的第一部分称为*函数头*。函数头包括函数关键字、函数名称和括号：

```
function myFunction()
```

填写函数体

接下来是*函数体*。函数体由大括号括起来的语句组成，例如：

```
{
  // this is the function body
}
```

调用函数

当你运行一个函数体中的代码时，称为调用函数。要调用函数，只需写上函数的名称，后跟括号即可。例如：

```
myFunction();
```

定义形式参数

*形式参数*是在调用函数时可以包含在括号之间的值。要定义形式参数，只需给形式参数一个名称，并将其放在函数定义中的括号之间。例如：

```
function myFunction(theText) {

}
```

你可以定义多个形式参数，并用逗号将它们分隔开。

传递实际参数

当你使用括号之间的值调用一个函数时，它被称为传递一个*实际参数*。例如：

```
myFunction("This is some text");
```

在本例中，实际参数是字符串 `"This is some text"`。

定义函数时，括号之间的值称为形式参数。当将值传递给函数时，它们被称为实际参数。

当将实际参数传递给函数时，函数会自动使用形式参数名称创建一个新变量，并赋予它传递的实际参数的值。

返回值

当你调用一个函数和（可选）传递一个参数时，该函数开始做它的事情。在函数完成其任务后，它将停止运行并产生某种值。函数在完成运行时产生的值称为其返回值。

你可以使用返回语句设置返回值。例如，以下函数将始终返回数字 3000：

```
function whatsTheNumber(){
  return 3000;
}
```

要找出或使用函数的返回值，可以将该函数作为操作的一部分进行调用。例如，要对函数的结果进行数学运算，你只需将该函数作为正常操作数（参见第 8 章），如下所示：

```
var theTotal = whatsTheNumber() + 80;
```

运行此语句时，将等于 whatsTheNumber() 加上 80（或 3080）的返回值分配给 theTotal。如果不为函数指定返回值，函数将返回 undefined。

创建 Function Junction

现在你知道了函数的创建和使用的基础知识，让我们编写一个游戏。我们把这个游戏称为 Function Junction。我们的目标是让列车在轨道上尽可能快地跑远，而不会在轨道的尽头碰撞。

在解释它是如何工作的并告诉你如何创建它之前，让我们先来试试下面的操作吧！

1. 打开你的 Web 浏览器并跳转到 JSFiddle 中的 "fiddle"。

2. 找到名为 "Chapter 12 - Function Junction" 的项目，并单击标题打开。

单击火车，玩游戏。它开始以非常缓慢的速度沿着轨道移动。如果你再次单击火车，它会提高一点点的速度。再多单击几次，它将获得更多的蒸汽。但如果你继续单击，火车最终会移动得非常快，以至于你会觉得这辆疯狂的火车会驶出轨道。

如果你在火车到达轨道的尽头之前不做一些事情，它将会坠毁。所有你需要做的是单击停止按钮，让火车停下来，但你能够足够快地做到吗？

像很多电脑游戏一样，实际的游戏玩法并不像叙事描述的那么刺激。但是通过在本章学习的技能，你可以做出改进，甚至可以将 Function Junction 变成下一个很了不起的事情！

现在，让我们看看如何构建 Function Junction。

首先进入部分构建的程序版本，名为"Chapter 12 – Function Junction – Start"。你可以在我们的公共面板中找到它。

找到并打开它后，请按照以下步骤操作：

1. 单击 Fork 按钮创建自己的程序副本。

2. 打开 Fiddle Options，更改新程序的名称。

3. 单击 Update，然后单击 Set as Base 来保存你的程序。

现在我们准备开始了！

浏览 HTML

Function Junction 的 HTML 非常简单，我们已经包含了你需要的一切。

仔细阅读 CSS

现在让我们转移到 CSS 面板。我们已经包括了游戏所需的所有 CSS。在展示之前，先看看图 12-2。这是没有任何 CSS 时游戏看起来的样子。

区别相当大，对吧？ 列表 12-1 显示了我们应用到游戏中的所有样式，以使它看起来像它本身的样子。

图 12-2
没有任何 CSS 的
Function Junction

列表 12-1　Function Junction 的 CSS

```
body {
    font-family: Arial, sans-serif;
}
#container {
    padding: 10px;
    width: 360px;
    height: 80%;
    background-color: #00FF00;
}
#track {
    width: 340px;
    border-top: 2px solid white;
    border-bottom: 2px solid white;
    margin: 20px auto;
}
#train {
    height: 92px;
    width: 100px;
    position: relative;
    left: 0px;
}
#stopButton {
    padding-top: 15px;
    margin: 10px auto;
    background-color: white;
    width: 100px;
    height: 50px;
    color: red;
    text-align: center;
    font-size: 24px;
    line-height: 30px;
}
```

看看每个选择器。注意，我们除了给 body 元素应用了 font-family 样式之外，还使用了 ID 选择器，它们以 # 开始。

在以前的程序中，我们已经使用了其中大多数的样式，所以在这里将不会再过多地讨论。但是，有几个样式你需要知道，以便之后你可以自定义游戏版本。

查找容器元素的样式。它们控制背景的大小和颜色。目前被设置为了绿色，你也可以尝试使用不同的颜色。此外，如果你想让游戏更宽（火车旅行更远），你需要在这里（以及在其他几个地方，我们会在稍后告诉你）调整宽度。

现在找到轨道元素的样式。这些样式设计出了白色列车轨道。我们通过在包含火车的矩形上放置顶部边框和底部边框创建了两条轨道。如果你想让火车旅行更远，这是另一个你需要进行调整（对宽度属性）的地方。

如果愿意，可以花几分钟更改样式，然后单击 Run 以查看它们在结果面板中执行的操作。

如果你最终做出了一些你不喜欢的东西，或者破坏了游戏的外观，访问你的公共面板，并重新打开基本版本的程序。

编写 Function Junction 的 JavaScript

现在，关注 JavaScript 面板。

我们在程序的最初版本中删除了大部分 JavaScript，并用 JavaScript 注释替代，来告诉你需要做什么，如列表 12-2 所示。

许多注释以 todo: 开头。这是一种程序员将注释留给自己或其他程序员来指示需要完成什么操作以改进 JavaScript 代码的常用方式。

列表 12-2　带有注释的 JavaScript 页面

```
/*
todo: Create three global variables:
* trainSpeed (initial value = 250)
* trainPosition (initial value = 0)
* animation (no initial value)
*/

/*
todo: Listen for click events on the train element and
        call a function named speedUp when they happen.
*/

/*
todo: Listen for click events on the stop button element
        and call a function called stopTrain when they
        happen.
*/

function speedUp() {
    /*
    todo: Check whether the train is already going as fast
        as it can. If not, increase the speed.
    */

    /*

    If the train is already moving, stop it and then
        restart with the new speed by calling a
        function called frame.
    */
```

```
function frame() {
    /*
    todo: Reposition the train and check whether the
        train is crashed.
    */
    }
}


function stopTrain() {
    /*
    todo: Test whether the train is already crashed. If
            not, stop the train.
    */
}

function checkPosition(currentPosition) {
    /*
    todo: Check the train's current position and crash it
            if it's at the end of the line.
    */
}
```

现在阅读这些说明。如果你愿意，可以尝试完成尽可能多的项目，然后继续阅读步骤说明。

现在让我们从头开始，让这列火车移动起来！

1. 第一条指令创建三个变量，因此在此注释下面输入以下语句：

```
var trainSpeed = 250;
var trainPosition = 0;
var animation;
```

2. 下一个指令要监听列车上的单击事件。这意味着使用与前面章节中相同的 addEvent Listener 函数将单击事件处理程序附加到 id ="train" 的元素上。使用此代码：

```
var train = document.getElementById("train");
train.addEventListener("click", speedUp);
```

3. 接下来，我们需要向停止按钮添加事件监听器。代码类似于下面的语句：

```
var stopButton = document.getElementById("stopButton");
stopButton.addEventListener("click", stopTrain);
```

4. 现在我们要到有趣的部分了。在 speedUp() 函数内部，第一个指令检查列车是否已经以最高速度运行，代码如下：

```
if (trainSpeed > 10) {
        trainSpeed -= 10;
}
```

此代码测试 trainSpeed 变量的值。如果它大于 10，列车仍然可以变快，所以下一行将 trainSpeed 的值减 10。

动画的速度由 setInterval 的第二个参数决定，它代表动画中步骤之间等待的时间（以毫秒为单位）。因此，较小的数字意味着步骤之间将有更少的时间，也将使火车移动得更快。

5. 接下来在 speedUp 函数内做的事情是使用新的速度重新启动动画循环。在上一条语句下面输入这两行：

```
clearInterval(animation);
animation = setInterval(frame, trainSpeed);
```

第一个语句 clearInterval 暂时停止动画。第二个语句使用 trainSpeed 新的值启动一个新的 setInterval 循环。setInterval 函数将调用一个名为 frame() 的函数。

6. 接下来，我们需要创建 frame() 函数。这个函数非常类似于我们在第 7 章中使用的使 JavaScript 机器人 Douglas 跳舞的 frame() 函数。我们只需要为特殊情况进行一些调整。修改 Function Junction 程序中的 frame() 函数，使其看起来像这样：

```
function frame() {
  trainPosition += 2;
  train.style.left = trainPosition + 'px';
  checkPosition(trainPosition);
}
```

此函数首先增加 trainPosition 变量的值，然后根据 transPosition 的当前值更新列车的位置。列车移动后，调用另一个函数 checkPosition()，并将当前火车位置传递给它。

7. 接下来让我们看看 checkPosition() 函数。更新 checkPosition() 函数以匹配以下内容：

```
function checkPosition(currentPosition) {
    if (currentPosition === 260) {
        alert("Crash!");
        console.log("Crash!");
        clearInterval(animation);
    }
}
```

此函数接受单个参数，即 currentPosition。它判断当前位置是否等于 260（因为

260 像素是距轨道左边缘的距离，即我们已经确定为火车坠毁的点）。如果你想让火车轨道变得更长，这是另一个你需要改变一个值的地方。

8. 最后，向下移动到 stopTrain() 函数，使其匹配如下：

```
function stopTrain() {
    if (trainPosition < 260) {
        clearInterval(animation);
    }
}
```

单击 Stop 按钮时运行 stopTrain() 函数。它首先比较 trainPosition 与 " 行结束 " 值，在本例中为 260，以确保列车尚未坠毁。

如果你想增加轨道的长度，这是最后一个你需要进行调整的位置。

9. 单击 Update 保存你的工作，然后单击火车，看看游戏是否像期望的那样运行。

如果你做的一切都是正确的，火车将开始移动！ 如果它不移动，仔细检查你的工作。你也可以检查 JavaScript 控制台，查看是否有任何可能有助于跟踪问题的错误消息。

轮到你了：加长轨道

在本章中，我们已经告诉你，为使火车轨道变长需要改变的地方。现在轮到你试试了！

检查 CSS 和 JavaScript，并增加需要增加的值，以使列车轨道变长。当你完成后，单击 Update 尝试一下！你的火车仍然在背景的边缘坠毁吗？如果没有，你能找到为使其正确工作而需要做的改变吗？

第 13 章
创建一个心愿单程序

JavaScript 的精灵来找我们，并告诉我们，如果我们使用数组和函数建立一个心愿单应用程序，就可以不只是许三个心愿，而是可以许无数个心愿。这似乎是给了我们一个协议，直到精灵提醒我们说，愿望并不会成真。真是一个诡计！在本章中，我们将向你介绍如何创建一个心愿清单程序。

My Wish List

A Birthday Party
A Puppy
Friends
New Clothes
To Become a JavaScript Expert
World Peace

介绍心愿单程序

心愿单应用程序使用增加了一个数组和一个 HTML 列表的 HTML 表单来接受用户

输入。打印按钮允许用户创建一个格式化且已排序的列表，供其打印并提供给他选择的
精灵。

查看完成的程序

想知道已完成的心愿单程序的样子和功能，请按照下列步骤操作：

1. 进入 JSFiddle 中的"fiddle"，打开 JSFiddle 中的公共面板。
2. 找到名为"Chapter 13 – Wish List – Finished"的项目，并单击标题打开程序。
你应该可以看到完成的心愿单程序，如图 13-1 所示。

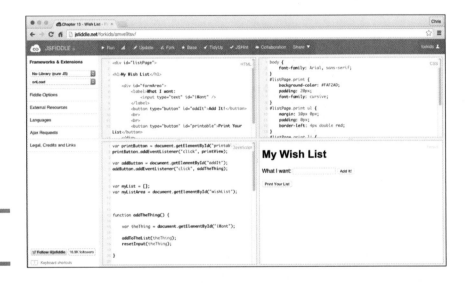

图 13-1

完成的心愿单程序

3. 输入一些内容到 HTML 输入区域，例如"世界和平"然后单击 Add It 按钮。
你输入的项目将被添加为一个列表项，并从输入区域中移除。

4. 添加更多的项目到列表中。
当你添加到五六个项目的时候，开始下一个步骤。

5. 单击 Print Your List 按钮，将出现一个格式化的按字母顺序排列的清单，如图 13-2
所示。

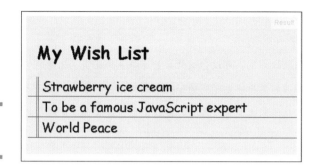

图 13-2

可打印的心愿单

复制代码

让我们开始吧！按照这些步骤，开始构建心愿单程序：

1. 进入 JSFiddle.net 的公共面板，找到名为"Chapter 13 – Wish List – Start"项目，并单击标题打开程序。

创建心愿单应用程序的起点将被打开，如图 13-3 所示。

图 13-3

心愿单程序的起点

2. 单击顶部菜单栏中的 Fork 按钮，创建程序的副本。

3. 单击左边的 Fiddle Options 菜单项，为副本添加新名称。

4. 先单击 Update，然后单击 Set as base 来保存你的工作。

此应用程序的起点包含一个基本的 HTML 文档、一些 CSS 样式、一些说明和需要编写的 JavaScript 概述。

如果你想挑战一下，可以尝试只依靠注释中的说明、你看到的终结版本程序的工作机制以及你在本书的其他地方学到的知识来编写程序。来吧，阅读之前尝试一下！我们仍然会在这里，在你回到这里时，我们会详细说明创建这个应用程序的过程。

编写 HTML

与你编写的其他程序一样，构建心愿单程序的第一步也是使用 HTML 创建结构。HTML 第一行的 <div> 元素将包含程序中的其他所有内容。

```
<div id="listPage">
```

我们已经为你写了这个标签，所以没有必要再加。按照这些步骤来完成 HTML：

1. 使用 <h1> 元素给页面添加标题。

```
<h1>My Wish List</h1>
```

请注意，开始部分包含的用于输入愿望的表单已经包含在 HTML 页面中。它看起来像这样：

```
<div id="formArea">
```

2. 在包含表单的部分中放置文本输入字段，用户将在其中输入列表项。在其外围使用一个 <label> 元素，并在它的左边放置 "What I want:"。

```
<label>What I want:
      <input type="text" id="iWant" />
</label>
```

3. 接下来，将第一个按钮元素（标记为 "Add It!"）输入到下一行。

```
<button type="button" id="addIt">Add It!</button>
```

此元素将把按钮与输入字段放置在同一行。

4. 在下一行中添加打印列表按钮。

```
<button type="button" id="printable">Print Your List</button>
```

5. 要使打印列表按钮显示在添加下方，请在第一个按钮之后、下一个按钮之前输入两个
 元素：

```
<br /><br />
```

6. 接下来，创建一个空 ID 为 "wishList" 的 <div> 元素。

```
<ul id="wishList"></ul>
```

7. 最后，关闭在步骤 1 中打开的 <div> 元素，其中包含程序所有的 HTML。

```
</div>
```

8. 单击 Update 按钮保存你的工作，并在结果面板中查看 HTML。

它看起来应该如图 13-4 所示。

图 13-4

完成了 HTML 的心愿单
程序

如果你还没有准备好，可以删除在代码中作为占位符的 HTML 注释，或者将其变成
你想要的样子，以帮助你记住页面的不同部分是什么。

完成的 HTML 如列表 13-1 所示。

即使你输入的一切都正确，你的标记也可能由于间距的差异看起来不和我们的一样。
单击顶部工具栏中的 Tidy Up，让 JSFiddle 把代码清理干净。

记住比较好

列表 13-1　心愿单程序的 HTML

```html
<div id="listPage">

    <h1>My Wish List</h1>

    <div id="formArea">
        <label>What I want:
            <input type="text" id="iWant" />
        </label>
        <button type="button" id="addIt">Add It!</button>
        <br /><br />
        <button type="button" id="printable">Print Your
            List</button>
    </div>
    <ul id="wishList"></ul>

</div>
```

编写 JavaScript 代码

现在已经完成了 HTML 面板，让我们把焦点转移到 JavaScript 面板。你可能想要调整 JavaScript 面板的大小，以给自己更多的工作空间，如图 13-5 所示。

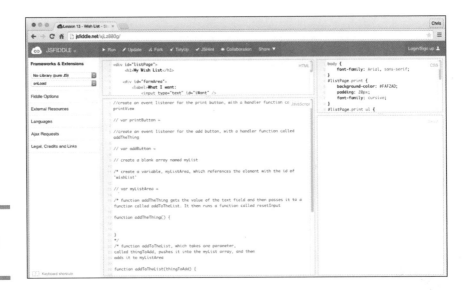

图 13-5

使 JavaScript 面板
变大

愿望单程序的所有函数和 JavaScript 代码都被描述在了 JavaScript 面板中。花一点时间阅读这些注释。

在本节中，我们逐一查看这些注释，并用有效的 JavaScript 代码替换它们。

创建事件监听器

心愿单程序有两个按钮。在本节中，我们将创建事件侦听器以等待并响应每个按钮上的单击事件：

1. 找到显示如何启动打印按钮事件侦听器的 JavaScript 注释，它看起来像这样：

`// var printButton =`

2. 取消此行注释（删除行开头的两个斜杠），以创建一个变量声明。创建对打印按钮元素的引用并将其存储在新变量中，如下所示：

```
var printButton = document.getElementById("printable");
```

3. 使用 addEventListener 方法完成事件监听器。

```
printButton.addEventListener("click",printView);
```

4. 找到显示如何为添加按钮编写事件侦听器的 JavaScript 注释。它看起来像这样：

```
// var addButton =
```

5. 取消此行注释以创建一个变量声明。创建对 edIt 按钮元素的引用，并将其存储在新 addButton 变量中，如下所示：

```
var addButton = document.getElementById("addIt");
```

6. 使用 addEventListener 方法完成事件侦听器。

```
addButton.addEventListener("click",addTheThing);
```

你现在有两个事件侦听器。你可以删除告诉你如何创建它们的注释。太棒了！ 现在你的前四个语句应该如列表 13-2 所示。

列表 13-2　**事件监听器**

```
var printButton = document.getElementById("printable");
printButton.addEventListener("click", printView);

var addButton = document.getElementById("addIt");
addButton.addEventListener("click", addTheThing);
```

声明全局变量

有了监听器，让我们继续创建一些将在整个程序中使用的变量。

当你在 JavaScript 代码中但不是在一个函数内部创建一个变量时，它被称为一个全局变量。全局变量可以在 JavaScript 程序中的任何地方使用。

你在函数中声明的变量只能在它们声明的函数内部使用。这些变量称为局部变量。

按照以下步骤为心愿单程序创建全局变量：

1. 找到说明创建一个名为 `myList` 空数组的注释，并将其替换为以下数组声明：

```
var myList = [];
```

将空方括号分配给变量时，它将创建一个没有元素的数组。然后它将为你根据需要添加元素做好准备。

2. 找到下一个说明创建一个名为 myListArea 的变量注释。

这个注释后面是另一个变量声明。

3. 取消注释 myListArea 变量声明，并完成语句：

```
var myListArea = document.getElementById("wishList");
```

现在你有了全局变量。完成的 JavaScript 代码部分应如列表 13-3 所示。

列表 13-3　事件监听器和全局变量

```
var printButton = document.getElementById("printable");
printButton.addEventListener("click", printView);

var addButton = document.getElementById("addIt");
addButton.addEventListener("click", addTheThing);


var myList = [];
var myListArea = document.getElementById("wishList");
```

编写函数

程序的剩余部分由处理程序操作的函数组成，例如将项添加到列表中、清空输入字段，以便可以添加更多项目以及创建可打印列表。

我们将从单击 Add It 按钮运行的函数 addTheThing() 开始。addTheThing() 函数在单击 Add It 按钮时创建对输入字段的引用，然后将其作为参数传递给程序中的其他两个函数。

按照以下步骤编写 addTheThing() 函数：

1. 创建一个名为 theThing 的变量，并为其分配输入字段元素：

```
var theThing = document.getElementById("iWant");
```

这里要记住一个重要的事情，该语句实际上并不是获取输入字段的值——它只是存储对元素的引用，我们以后可以使用它获取元素的值。

2. 将 theThing 作为参数传递给函数 addToTheList()：

```
addToTheList(theThing);
```

此函数获取值并将其添加到列表中。

3. 将 theThing 作为参数传递给 resetInput() 函数，此函数将输入字段的值重置为空。

```
resetInput(theThing);
```

这三个语句都是 addTheThing() 函数需要的。完成后，函数应该如列表 13-4 所示。

列表 13-4　完成的 addTheThing() 函数

```
function addTheThing() {

    var theThing = document.getElementById("iWant");

    addToTheList(theThing);
    resetInput(theThing);
}
```

这恰逢是单击 Update 按钮来保存你的工作的好时机。

现在让我们测试一下程序，看看会发生什么。测试时，你认为会发生什么？ 如果你猜什么都不会发生，那也算部分正确。

当你尝试以当前的形式运行程序时，就会出现错误。

在浏览器中打开 JavaScript 控制台（从 Chrome 浏览器 ⇨More Tools⇨JavaScript Console 中选择），查看单击 Update 或 Run 时会发生什么。产生的错误如图 13-6 所示。

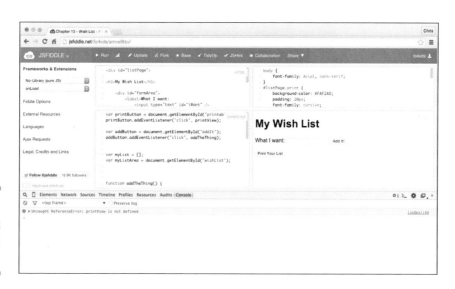

图 13-6

使用不完整的函数运行心愿单程序会返回一个错误

错误提示我们事件监听器引用的 printView 函数不存在。

我们还没有准备好 printView 的功能，但是我们可以通过创建一个空的 printView 函数来删除这个错误。

1. 在 JSFiddle 的 JavaScript 面板中找到包含 printView 函数占位符的注释。

它看起来像这样：

```
/*function printView, which outputs a nicely formatted
view of the list
function printView() {

}
*/
```

2. 删除函数之前的注释以及函数之后的结束注释字符。

它现在应该是这样的：

```
function printView() {

}
```

现在 printView 函数是一个完美有效的函数，虽然它的函数体是空的，但是在运行时根本不会做任何事情。

3. 在 JavaScript 控制台中，单击 Clear Console Log 按钮（看起来像一个带有一横的圆圈），以清除控制台中所有以前的消息。

4. 单击 Update 以查看在 JavaScript 控制台中的错误是否已解决。

如果你已经正确地完成了所有操作，就应该不会看到任何错误，如图 13-7 所示。

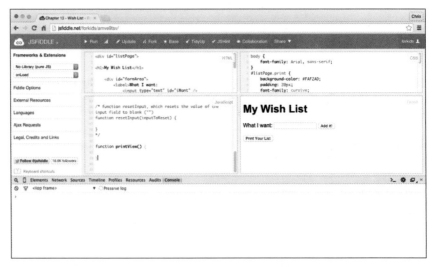

图 13-7

心愿单程序运行时不返回任何错误

5. 在 JavaScript 控制台仍然打开的情况下在输入字段中输入内容，然后单击 Add It 按钮。

你将在控制台中看到一个新错误，如图 13-8 所示。

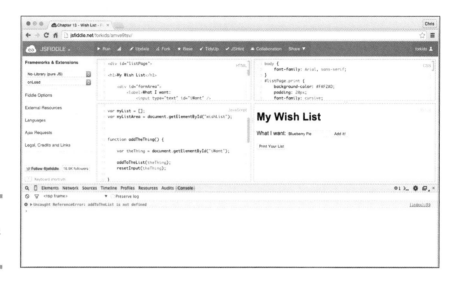

图 13-8

缺少 addToTheList
函数

让我们现在通过创建 addToTheList 函数来解决这个错误。

addToTheList 的目的是接受一个参数，将其添加到数组，然后将其添加到浏览器窗口的无序列表中。按照以下步骤创建功能：

1. 找到描述 addToTheList 功能的注释，并删除它之前的注释和结束注释字符。

现在空函数应该是这样的：

```
function addToTheList(thingToAdd) {

}
```

2. 编写函数体内的第一行代码。

```
myList.push(thingToAdd.value);
```

此语句使用 push() 数组方法将输入字段的当前值添加到 myList 数组。

push() 数组方法将值添加到数组的末尾。

3. 写下一条语句，创建一个新的 `<li>` 元素。

```
var newListItem = document.createElement("li");
```

createElement() 方法会在当前浏览器窗口中创建一个新的元素。它不会显示在任何地方，只是一个空的 `<li>` 元素，我们会将其存储在一个新的变量 newListItem 内。

4. 下一个语句更改新元素的 innerHTML 属性，以将输入字段的当前值放入其中。

```
newListItem.innerHTML = myList[myList.length - 1];
```

仔细看看刚刚输入的语句。记住它里面的每个变量代表一个东西。让我们从 myList 数组方括号之间的值开始讲解：

```
myList.length - 1
```

此表达式返回 myList 数组的长度，然后从中减去 1。我们要在这里找到的是数组的最后一个元素的索引值（我们刚刚添加的元素）。我们从数组的长度减去 1，因为数组从 0 开始计数。

如果我们的列表中只有一个内容，当我们说 myList [myList.length - 1] 时，程序真正说的是 myList [0]，它包含我们列表中单个项目的值。

如果在输入字段中输入 World Peace，那么整个语句应该重写为：

```
newListItem.innerHTML = "World Peace";
```

现在看起来更熟悉了。回想一下，设置元素的 innerHTML 属性的值会改变开始和结束标签之间的所有内容。

因为 newListItem 包含对新的 <li> 元素的引用，所以如果在表单字段中输入 World Peace，整个语句将创建以下元素：

```
<li>World Peace</li>
```

此元素不在 HTML 文档中的任何位置。为了显示，我们需要在 addToTheList() 函数中写另一条语句。

5. 在下一行中输入以下内容：

```
myListArea.appendChild(newListItem);
```

此语句使用另一个新方法 appendChild，将新的 <li> 元素添加到 myListArea 变量所引用元素的内容的末尾。

回头看代码，你会看到我们创建了一个 myListArea 全局变量来保存一个 ID 属性为"wishList"的 <ul> 元素的引用。

这条语句的目的是给在浏览器窗口中显示新项的 <ul> 元素添加一个新的列表项。

6. 单击 Update 按钮保存你的工作。

完成的 addToTheList() 函数如列表 13-5 所示。

列表 13-5 完成的 addToTheList() 函数

```
function addToTheList(thingToAdd) {
    myList.push(thingToAdd.value);
    var newListItem = document.createElement("li");
    newListItem.innerHTML = myList[myList.length - 1];

    myListArea.appendChild(newListItem);
}
```

7. 现在在输入字段中输入内容，然后单击 Add It 按钮。

新项目将添加到输入字段下面的列表中。

8. 添加几个项目，并查看每个项目如何添加到列表的末尾，如图 13-9 所示。

表单没有正常工作。每次向列表中添加新值时，旧值仍然保留在表单字段中。

为了解决这个问题，我们将写一个名为 resetInput() 的新函数。在每个项目添加到列表后，addTheThing() 函数都会调用 resetInput() 函数。resetInput() 的目的只是清除输入字段的值，以便输入下一个项目。

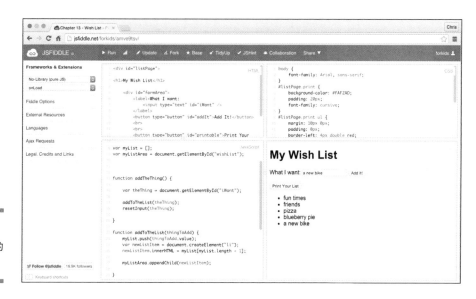

图 13-9
新项目添加到列表的
末尾

按照以下步骤编写 resetInput() 函数。

1. 在 JavaScript 面板中查找注释掉的 `resetInput()` 函数，它看起来像这样：

```
/* function resetInput, which resets the value of the
input field to blank ("")
function resetInput(inputToReset) {

}
*/
```

2. 取消注释空函数。

它应该看起来像这样：

```
function resetInput(inputToReset) {

}
```

3. 在花括号之间输入以下内容：

```
inputToReset.value = "";
```

`resetInput()` 函数在这里只包含一条语句。此语句将 inputToReset 变量（输入字段）引用元素的 value 属性更改为空字符串。结果是输入字段中的文本被清空。

4. 单击 Update 保存你的工作。

完成的 `resetInput()` 函数如列表 13-6 所示。

列表 13-6　**完成的 resetInput() 函数**

```
function resetInput(inputToReset) {
    inputToReset.value = "";
}
```

5. 通过在文本字段中输入几个项目并按 Add It 按钮来测试程序。

心愿单程序的基本功能现已完成。你可以在文本字段中输入项目，并将这些项目添加到 HTML 列表和数组。

我们需要创建的最后一个函数是打印列表按钮的处理程序。`printView()` 函数的目的是隐藏表单，以漂亮的格式显示 myList 数组中的每个元素，并且可以打印给你的精灵！

按照以下步骤编写 `printView()` 函数的正文。在 JavaScript 面板中查找空的 `printView()` 函数。它应该看起来像这样：

```
function printView() {
}
```

1. 创建一个新变量来保存对整个页面的引用。

```
var listPage = document.getElementById("listPage");
```

2. 创建一个新变量来保存对页面表单区域的引用。

```
var formArea = document.getElementById("formArea");
```

3. 通过将 CSS 显示属性的值更改为 "none" 来隐藏表单。

```
formArea.style.display = "none";
```

4. 向 listPage 元素中添加一个新的类属性，值为“print”。

```
listPage.className = "print";
```

这条语句的作用是修改文档中的第一个 div 元素：

```
<div id="listPage">
```

变成：

```
<div id="listPage" class="print">
```

在 CSS 中使用 print 类对页面进行不同的样式设置。换句话说，当 print 类被分配给 listPage div 时，它将改变文档中元素的样式，使用 CSS 中为 print 设置的样式属性。

5. 使用此语句清除列表中的所有项目：

```
myListArea.innerHTML = "";
```

6. 通过数组方法 sort() 对数组排序，使用此语句：

```
myList.sort();
```

此语句按字母顺序对列表中的项目进行排序。

7. 接下来，我们使用一个循环来打印数组中的每个值。输入以下语句：

```
for (var i = 0; i < myList.length; i++) {
```

我们将在第 17 章详细讨论循环语句。这个语句的作用是为数组中的每个项目运行一次大括号之间的语句。

8. 输入以下写语句以打印数组元素：

```
wishList.innerHTML += "<li>" + myList[i] + "</li>";
```

这条语句添加一个列表项到 wishList 并将其显示在浏览器窗口。

9. 在下一行输入最后的关闭大括号来关闭循环。

```
}
```

10. 通过单击 Update 按钮来保存你的工作。

完成的 printview() 函数如列表 13-7 所示。

列表 13-7　完成的 printview() 函数

```
function printView() {
    var listPage = document.getElementById("listPage");
    var formArea = document.getElementById("formArea");

    formArea.style.display = "none";
    listPage.className = "print";
    myListArea.innerHTML = "";
    myList.sort();

    for (var i = 0; i < myList.length; i++) {
        wishList.innerHTML += "<li>" + myList[i] +
            "</li>";
    }
}
```

11. 将多个项目添加到你的心愿单中，然后单击 Print Your List 按钮。

你将看到一个格式化的可打印列表，如图 13-10 所示。

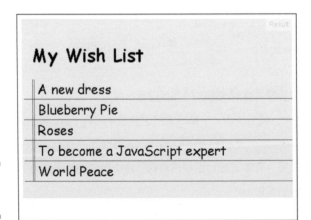

图 13-10

完成的可打印列表

打开打印对话框

我们的列表格式化得很漂亮，现在让我们创建一个命令，当你单击 Print Your List 按钮时使程序自动打开浏览器的打印对话框。

按照以下步骤启用自动打印：

1. 在 printView() 函数循环后插入以下语句:

window.print();

此语句运行一个内置的属于窗口对象的方法 print()。print() 方法的目的是告诉浏览器使用默认设置打开打印对话框。

窗口对象表示 JavaScript 中当前的浏览器窗口。

2. 单击 Update 以保存更改。

3. 将任意数量的项目添加到你的心愿单中,然后单击 Print Your List 以生成可打印视图。

显示浏览器的打印对话框,如图 13-11 所示。

图 13-11

浏览器打印对话框

4. 如果打印机连接到了计算机,请尝试打印出你的心愿单。

优化心愿单程序

我们使用函数和一个数组来设计应用程序,以使其超级可定制和可扩展。未来的优化包括:

- 为输入字段添加链接,并将链接存储在第二个数组中。
- 将列表项保存到用户计算机中,以便以后可以回来查看。
- 能够通过电子邮件将列表发送给其他人。

你能想到你想添加的其他优化功能吗?

第5部分

自由选择

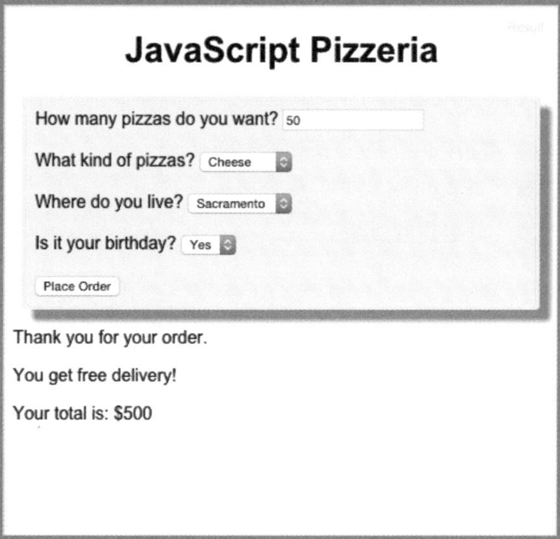
JavaScript Pizzeria
How many pizzas do you want? 50
What kind of pizzas? Cheese
Where do you live? Sacramento
Is it your birthday? Yes
Place Order
Thank you for your order.
You get free delivery!
Your total is: $500

这一部分里……

第 14 章
使用 If … Else 语句做判断

当你需要做一个或者 / 或者、是 / 否的决定时，if ... else 语句是你最好的朋友。在本章中，你将学习如何使用 if ... else 语句在 JavaScript 程序中创建和找到正确的选择。

布尔逻辑

在第 9 章中，我们讨论了 JavaScript 比较运算符，并向你展示它们是如何在 JavaScript 超级计算机中工作的。现在让我们在这里简要回顾一下比较运算符。

相等

相等运算符是 == 和 ===。两者之间的区别是 == 将在不同数据类型之间进行转换。例如，如果你比较 3 和 "3"，== 运算符会说它们是相等的，而 === 运算符会说它们不相等。

=== 运算符称为严格相等运算符。我们建议你始终使用严格相等运算符以避免错误。

不等于

不等于运算符通过在等式运算符之前放置感叹号（！）形成。它们告诉你两个值是否不同。严格不等于运算符（！==）比较值而不转换其类型，不等于运算符（！=）在比较之前在数据类型之间转换。我们建议你始终使用严格不等于运算符。

大于和小于

大于（>）和小于（<）运算符比较数值。记住，大于和小于运算符看起来像鳄鱼，并且鳄鱼想要吃更大的数字。如果鳄鱼的"嘴"朝更大的数字张开，结果将是真。

大于等于和小于等于

大于等于和小于等于运算符除了它们在值彼此相等时也返回真之外，工作方式与大于或小于运算符相同。

大于等于和小于等于运算符通过在大于或小于运算符的右侧放置等号来形成，例如：

```
3 >= 4 // returns false
4 >= 4 // returns true
4 >= 3 // returns true
3 <= 3 // returns true
3 <= 4 // returns true
4 <= 3 // returns false
```

不大于和不小于

在大于或小于号后放置感叹号，将它们转换为不大于（>！）或不小于运算符（<！）。

你可能会和我们一样发现不大于、不小于运算符比较容易混淆。我们的建议是不要使用不大于和不小于运算符。事实上，不大于和小于做完全相同的事情，而不小于正好与大于相同。

表 14-1 显示所有你需要知道的比较运算符，并挨个配置了实例。

表 14-1　　　　　　　　　　你需要的所有比较运算符

运算符	它能做什么	为真的例子
===	测试左边的值是否正好等于右边的值	14 === 14
!==	测试左边的值是否完全不等于右边的值	14 !== 15
>	测试左边的值是否大于右边的值	15 > 14
<	测试左边的值是否小于右边的值	14 < 15
>=	测试左边的值是否大于或等于右边的值	14 >= 14
<=	测试左边的值是否小于或等于右边的值	14 <= 14

介绍 if … else 语句

比较运算符本身并不是非常有用。大多数时候，它们被习惯作为 if … else 语句的判断条件。

if … else 语句看起来像这样：

```
if ([comparison]) {
  // statements to run if the comparison is true
} else {
  // statements to run if the comparison is false
}
```

语句的 else 部分是可选的。如果比较值是真，那它和只有一个 if 条件后跟一条或多条语句运行的效果是相同的。

列表 14-1 显示了如何在程序中使用 if … else 的示例。

列表 14-1　使用 if … else

```
var language = prompt("What language do you speak?");

if (language === "JavaScript") {
  alert("Great! Let's talk JavaScript!");
} else {
  alert("I don't know what you're saying.");
}
```

要试用此程序，请按照下列步骤操作：

1. 在 Web 浏览器中打开 JSFiddle。

2. 单击 JSFiddle 徽标创建一个新的空白程序。

3. 在 JavaScript 面板中输入列表 14-1 中的代码。

4. 单击 Run 或 Update 以执行代码。

将出现一个弹出窗口，要求你输入文本。

5. 在弹出框中输入单词 JavaScript（注意英文的大小写！）并单击 OK。

第一个弹出窗口消失，第二个弹出窗口打开 "Great! Let's talk JavaScript! "，如图 14-1 所示。

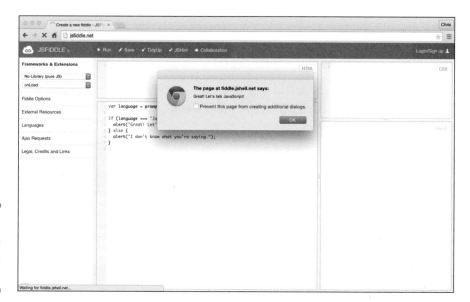

图 14-1

使用 if ... else
语句在两个路径之间
进行选择

没有运算符的变量

有时，只有当特定的变量有值或已被声明时，你才可以对其采取某个操作。为此，你可以将变量的名称放在 if 后的括号中。如果变量不存在或没有值，就将导致值为 false。

列表 14-2 扩展了列表 14-1 中的程序，当你在提示符中输入 JavaScript 时，将创建一个名为 speaksJavaScript 的变量。

如果正确输入 JavaScript，if 中的语句将被执行，会只显示一个特定的 JavaScript 语音消息。输入 JavaScript 以外的任何内容，else 块中的语句将被执行，以便显示不同的消息。

列表 14-2　使用一个单词作为判断条件

```
var language = prompt("What language do you speak?");

if (language === "JavaScript") {
  alert("Great! Let's talk JavaScript!");
  var speaksJavaScript = true;
} else {
  alert("I don't know what you're saying.");
}

if (speaksJavaScript) {
  alert("It's great to meet you.");
}
```

结合比较与逻辑运算符

逻辑运算符允许组合多个比较运算。例如，假设你有一个比萨店。你的优惠政策是，如果客户的订单超过 10 美元，并且他们住在城市，就能获得免费送货的服务。

在 JavaScript 中，此规则需要两个比较：

- ✔ 订单超过 10 美元？

- ✔ 客户是否在城市范围内？

为了使客户得到免费送货的服务，这两个条件都必须是真的。如果这些条件之一不是真的，送货费就是 $ 5。

在 JavaScript 中，你可以使用且运算符（&&）指定两个条件都需要为 true。要在 if...else 语句中使用且运算符，请将它放在两个比较表达式之间。然后用括号括起整个组合表达式。

列表 14-3 显示了如何在 JavaScript 中编写你的比萨店的交货规则。

列表 14-3　JavaScript 比萨店免费送货规则

```
if ((deliveryCity === "Anytown") && (orderPrice > 10)) {
      var deliveryPrice = 0;
   } else {
      var deliveryPrice = 5;
   }
```

作为一个特殊的交易，你可以决定，当他们过生日时，无论住多远或订单金额多少，都提供免费送货服务。为了做到这一点，你需要使用或运算符（||）。通过按住 Shift 键并按键盘上的反斜杠（\）字符两次，输入或运算符。

列表 14-4 显示了如何使用 JavaScript 编写新的免费送货策略。

列表 14-4 **生日时免费送货**

```
if ((((deliveryCity === "Anytown") && (orderPrice > 10)) ||
        (birthday === "yes")) {
    var deliveryPrice = 0;
} else {
    var deliveryPrice = 5;
}
```

在下一节中,将从这个免费送货政策开始,创建一个程序来管理你的比萨店的不同部分。

新的 JavaScript 比萨店

JavaScript 比萨店是一个在美国某个城镇都流行于妈妈群体之间的地方。她们以制作物美价廉的比萨而自豪。

目前,她们有一个网页,你可以在上面订购两种比萨饼——奶酪或意大利辣香肠,如果你住在该城市范围内,还可以免费送货。

然而,客户要求越来越多!他们想要额外的比萨品种,并且其他城市的人们听说了这个比萨店之后也想要比萨!有些人甚至要求在他们生日时能够提供一份特殊的协议!

作为 JavaScript 比萨店的 JavaScript 程序员,你的工作是增加这些新功能,使业务继续蓬勃发展!别担心,我们是会给你提供帮助的。

运行应用程序

要测试当前版本的 JavaScript 比萨店网站,请按照下列步骤操作:

1. 访问我们的 JSFiddle 公共面板中的“fiddle”。

2. 找到名为“Chapter 14 – JavaScript Pizzeria – Start”的程序,然后单击其标题打开它。

3. 输入比萨数量,选择比萨类型,然后按下 Place Order 按钮。

总计(每个比萨饼 $ 10)将显示在表格下方。

这就是它的所有功能!继续下一部分以创建你自己版本的 JavaScript 比萨店,并为其添加新功能。

复制代码（或用你自己写的代码）

按照以下步骤创建自己的 JavaScript 比萨店程序副本，以方便向其中添加新功能：

1. 打开名为"Chapter 14 – JavaScript Pizzeria – Start"的程序。

2. 单击顶部菜单栏中的 Fork 按钮。

3. 在左侧菜单的 Fiddle Options 中更改程序的名称。

4. 单击 Update 以保存更改，然后单击 Set as Base。太棒了！你已经准备好开始了！

规划比萨饼店的改进计划

以下是我们将对 JavaScript 比萨店程序要做的几个更改：

🖊 增加一款新比萨和额外价格。

🖊 添加新城市并计算运费。

🖊 显示运费。

🖊 添加生日特别活动。

每个更改都需要一个 if...else 语句，以及对 HTML 做一些小的更改。

将新项目添加到菜单

这里最重要的新功能是向上滚动菜单。厨师发明了一种新的比萨，包含培根、芝麻、苹果、14 种不同的奶酪和热狗，即超级比萨。

问题是，超级比萨非常昂贵，主要是因为那个热狗！在 Anytown 找到一家美味的热狗真的很难！所以，业主已决定为每个超级比萨额外收取 2 美元。

你的工作是将超级比萨添加到菜单中，并在订购时更新价格。请按照以下步骤操作：

1. 在 HTML 面板中查找创建比萨列表的位置。

它目前看起来像这样：

```
<label>What kind of pizzas?
    <select id="typePizza">
        <option value="cheese">Cheese</option>
        <option value="pepperoni">Pepperoni</option>
    </select>
</label>
```

2. 在 select 元素中添加一个新的 option 元素以创建 Supreme 比萨选项。

它的值应该是 "supreme"，并且标签（在 <option> 和 </option> 之间）也应

该是 Supreme。

3. 单击 Update 以保存你的工作，然后进行测试以确保 Supreme 作为新选项显示在比萨类型下拉列表中，如图 14-2 所示。

4. 查找 calculatePrice() 函数。它看起来像这样：

```
function calculatePrice(numPizzas, typePizza) {
    var orderPrice = Number(numPizzas) * 10;
    var extraCharge = 0;

    // calculate extraCharge, if there is one

    orderPrice += extraCharge;
    return orderPrice;
}
```

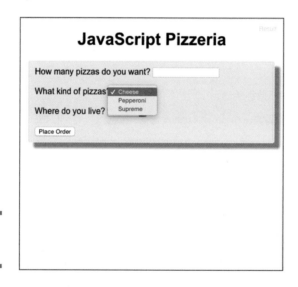

图 14-2

添加了新选项

5. 在注释 "calculate extraCharge,if there is one" （如果有额外费用的话，计算额外费用）下面，输入以下 if...else 语句：

```
if (typePizza === "supreme") {
    extraCharge = Number(numPizzas) * 2;
}
```

此语句检查 typePizza 变量，以查看是否选择了 Supreme。如果是这样，它会将比萨数量乘以 2，以获得额外费用。

6. 单击 Update 保存你的工作，然后尝试运行！

如果选择 Supreme 比萨，你现在应该可以看到总价将等于 12 美元乘以订购的比萨数量，如图 14-3 所示。

送货到其他城市

比萨店必须发展，但 Anytown 的人口只能吃这么多比萨，所以管理层决定开始送货
到其他精心挑选的城市。

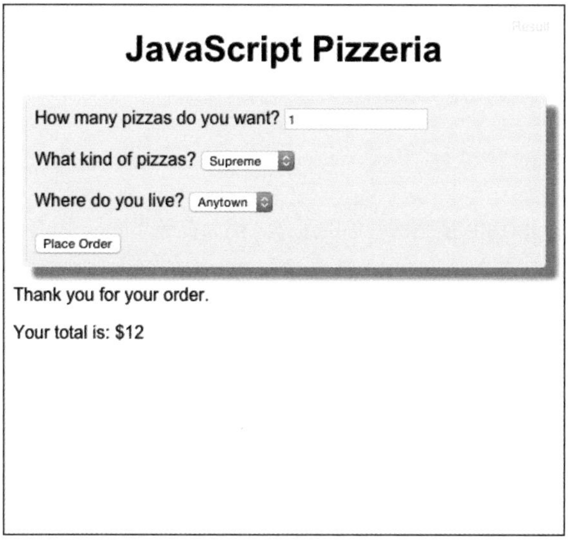

图 14-3

添加了新的比萨

只送一份比萨或免费送去 Beverly Hills 是不赚钱的。对小于等于 10 美元的订单和
城外的订单需要收取 5 美元运费。

按照以下步骤添加新规则。

1. 在 HTML 面板中，找到交付城市的下拉菜单。

它目前只有一个选项，即 Anytown。

2. 在下拉列表中至少添加两个选项。

当完成后，它应该看起来像这样：

```html
<label>Where do you live?
  <select id="deliveryCity">
    <option value="Anytown">Anytown</option>
    <option value="Sacramento">Sacramento</option>
    <option value="Your Town">Your Town</option>
  </select>
</label>
```

可以用你喜欢的任何城市取代 Your Town。

3. 单击 Update 以保存你的工作，并在结果面板中查看更改。

4. 在 JavaScript 面板中找到 calculateDelivery() 函数。

它目前只是将每个人的 deliveryPrice 设置为 0。

5. 在注释 "calculate delivery price, if there is one"（如有运费，计算运费）下面，输入以下 if...else 语句：

```
if ((deliveryCity === "Anytown") && (orderPrice > 10))
  {
    deliveryPrice = 0;
  } else {
    deliveryPrice = 5;
  }
```

6. 单击 Update 按钮保存你的工作，然后在结果面板中试用该程序。

如果你选择 Anytown 以外的城市，或者你的订单价格是 10 美元，都将添加 5 美元的运费。

显示运费

接下来，我们需要在总价之上显示运费，以便人们心中有数。

要显示送货费，请按照下列步骤操作：

1. 在 placeOrder() 函数中，找到注释 "todo: output the delivery price, if there is one."。

2. 在该注释下，输入以下 if...else 语句：

```
if (deliveryPrice === 0) {
    theOutput += "<p>You get free delivery!</p>";
  } else {
    theOutput += "<p>Your delivery cost is: $" + deliveryPrice;
  }
```

这条 if...else 语句在 deliveryPrice 为 0 时打印出免运费的消息，否则打印出运费。

3. 单击 Update 以保存更改，然后在结果面板中尝试该程序。

新的免运费消息如图 14-4 所示。

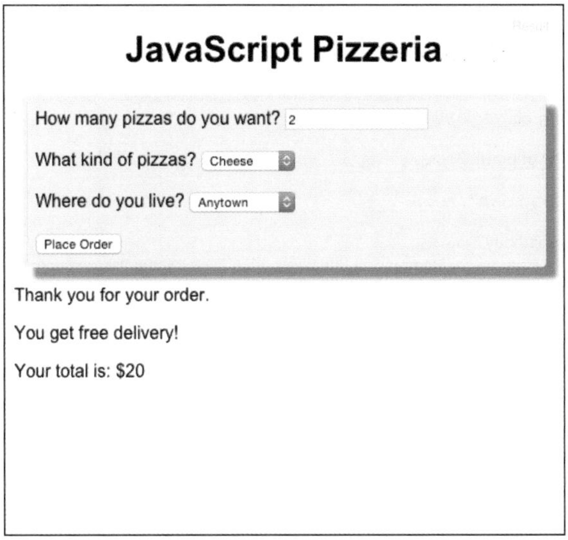

图 14-4

告诉客户他们获得了
免费送货服务

编写生日特别策划

我们将对该计划做出最后一个修改，就是在客人生日时提供免费送货服务。

要编写此修改，请按照下列步骤操作：

1. 在 HTML 面板中，通过在交货城市后输入此标记将生日问题添加到表单中：

```
<label>Is it your birthday?
  <select id="birthday">
    <option value="yes">Yes</option>
    <option value="no">No</option>
  </select>
</label>
```

2. 单击 Update 以保存你的工作并在结果面板中查看更改。

如果结果面板不如图 14-5 所示，请仔细检查你的代码。你可能还需要插入 royalty 标签，以便在问题之间插入正确的间距。

3. 将以下内容添加到 placeOrder() 函数中，在其他 getElementById 语句下面获取生日表单字段的值：

```
var birthday = document.getElementById("birthday").value;
```

4. 在 calculateDelivery 函数定义中为生日变量添加第三个参数。

```
function calculateDelivery(orderPrice, deliveryCity, birthday)
```

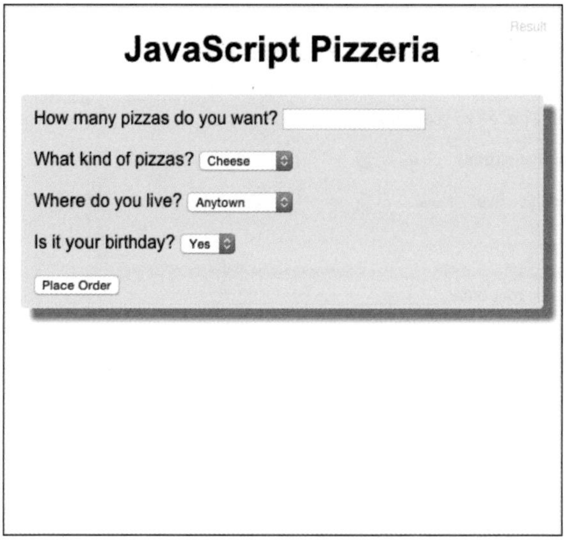

图 14-5

带有生日问题的结果
面板

5. 在 `computeDelivery` 函数的 `if...else` 语句中添加一个或运算符和一个新
表达式，以判断 birthday 的值是否为 yes。

```
if (((deliveryCity === "Anytown") && (orderPrice > 10)) ||
        (birthday === "yes")) {
```

6. 修改 `placeOrder()` 函数的 `calculateDelivery` 语句，使其增加生日参数：

```
var deliveryPrice = calculateDelivery(orderPrice, deliveryCity,
        birthday);
```

7. 单击 Update 以保存你的工作。

列表 14-5 显示了 JavaScript 比萨店的完整 JavaScript 代码。

列表 14-5　完整的 JavaScript 比萨店程序

```
// listen for button clicks
document.getElementById("placeOrder").addEventListener
        ("click", placeOrder);

/**
 * gets form values
 * calculates prices
 * produces output
 */
function placeOrder() {
    // get form values
    var numPizzas =
```

```
                document.getElementById("numPizzas").value;
        var typePizza =
                document.getElementById("typePizza").value;
        var deliveryCity =
                document.getElementById("deliveryCity").value;
        var birthday =
                document.getElementById("birthday").value;

        // get the pizza price
        var orderPrice = calculatePrice(numPizzas, typePizza);
        // get the delivery price
        var deliveryPrice = calculateDelivery(orderPrice,
                deliveryCity, birthday);

        // create the output
        var theOutput = "<p>Thank you for your order.</p>";

        // output the delivery price, if there is one
        if (deliveryPrice === 0) {
            theOutput += "<p>You get free delivery!</p>";
        } else {
            theOutput += "<p>Your delivery cost is: $" +
                deliveryPrice;
        }

        theOutput += "<p>Your total is: $" + (orderPrice +
                deliveryPrice);

        // display the output
        document.getElementById("displayTotal").innerHTML =
                theOutput;
}

/**
 * calculates pizza price
 */
function calculatePrice(numPizzas, typePizza) {
        var orderPrice = Number(numPizzas) * 10;
        var extraCharge = 0;

        // calculate extraCharge, if there is one
        if (typePizza === "supreme") {
            extraCharge = Number(numPizzas) * 2;
        }

        orderPrice += extraCharge;
        return orderPrice;
}
```

```
/**
 * calculates delivery price
 */
function calculateDelivery(orderPrice, deliveryCity,
        birthday) {
    var deliveryPrice = 0;

    // calculate delivery price, if there is one
    if (((deliveryCity === "Anytown") && (orderPrice >
        10)) || (birthday === "yes")) {
        deliveryPrice = 0;
    } else {
        deliveryPrice = 5;
    }
        return deliveryPrice;
}
```

列表 14-6 显示了 JavaScript 比萨店的完整 HTML 标记。

列表 14-6　最终的 HTML

```
<h1>JavaScript Pizzeria</h1>

<div id="orderForm">
    <label>How many pizzas do you want?
        <input type="number" id="numPizzas" />
    </label>
    <br />
    <br />
    <label>What kind of pizzas?
        <select id="typePizza">
            <option value="cheese">Cheese</option>
            <option value="pepperoni">Pepperoni</option>
            <option value="supreme">Supreme</option>
        </select>
    </label>
    <br />
    <br />
    <label>Where do you live?
        <select id="deliveryCity">
            <option value="Anytown">Anytown</option>
            <option value="Sacramento">Sacramento</option>
            <option value="Beverly Hills">Beverly
            Hills</option>
        </select>
    </label>
    <br />
    <br />
```

```
<label>Is it your birthday?
    <select id="birthday">
        <option value="yes">Yes</option>
        <option value="no">No</option>
    </select>
</label>
<br />
<br />
<button type="button" id="placeOrder">Place
        Order</button>
</div>
<div id="displayTotal"></div>
```

图 14-6 显示了结果面板中今天下了午餐订单之后的最终程序。

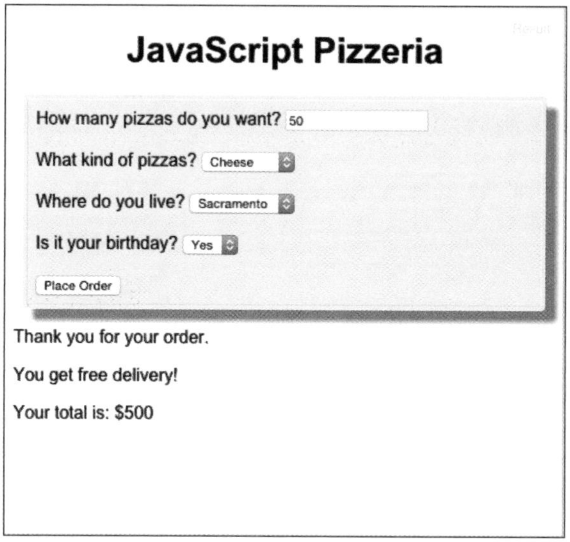

图 14-6

我们的午餐订单

第15章
用 switch 做不一样的事情

switch 语句就像是有许多不同出口的高速公路。在多数情况下，switch 语句通过评估一个表达式的值在多个选项中进行选择。这些值就像出口。在一个 switch 语句中的每一个值都被称为一个 case。

在本章中，将使用 switch 语句来写一个日历程序，根据一周天气给你建议做什么事情。

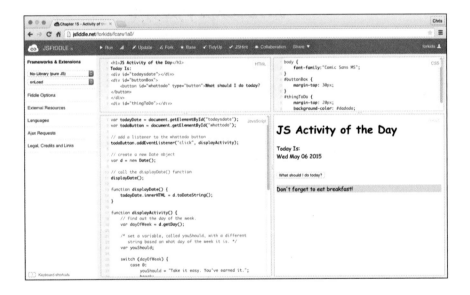

编写 switch 语句

switch 语句以 switch 关键字开头，后跟括号中的表达式，然后是一系列不同的选项（称为 cases）。

switch 语句的语法如下所示：

```
switch (expression) {
  case value1:
    //statements to execute
    break;
  case value2:
    //statements to execute
    break;
  case default:
    //statements to execute
    break;
}
```

你可以在 switch 语句中包含尽可能多的 case。switch 语句将尝试将表达式匹配到每种情况，直至找到匹配的表达式。然后运行该情况下的语句，直至到达 break 语句，退出 switch 语句。每个 case 必须以 break 语句或分号（;）结尾。这告诉程序要一直运行直至遇到 break 语句才停止。

如果没有与表达式结果匹配的情况，将运行默认情况。

让我们来看一个例子！ 列表 15-1 中的代码要求用户输入一星期中最喜欢的日子。然后程序使用 switch 语句根据用户不同的输入值产生不同的输出。用户输入除星期几之外的任何内容，都将运行默认 switch 语句。

列表 15-1　**为不同输入生成不同的结果**

```
var myNumber = prompt("Enter your favorite day of the
        week!");
var theResponse;

switch (myNumber) {
  case "Monday":
    theResponse = "Ack!";
    break;
  case "Tuesday":
    theResponse = "Taco day!";
    break;
  case "Wednesday":
    theResponse = "Halfway there!";
    break;
  case "Thursday":
    theResponse = "It's the new Friday!";
    break;
  case "Friday":
    theResponse = "TGIF! Yeah!";
    break;
  case "Saturday":
    theResponse = "What a day!";
    break;
  case "Sunday":
```

```
        theResponse = "Sunday = Funday!";
        break;
    default:
        theResponse = "I haven't heard of that one!";
        break;
}
alert (theResponse);
```

在 JSFiddle 中按照以下步骤尝试这个程序:

1. 打开 JSFiddle 并单击左上角的 JSFiddle 标志创建一个新的空白项目。

2. 在 JavaScript 面板中输入列表 15-1 中的代码。

3. 单击顶部菜单中的 Run。

将出现一个 JavaScript 提示,要求输入一星期中你最喜欢的日子。

4. 输入星期几,然后单击 OK。

运行 switch 语句,你将看到基于输入值的结果,如图 15-1 所示。

图 15-1
通过评估不同情况确定响应

构建活动日历

如果你像大多数人一样,有时醒来会思考"今天礼拜几?"接下来你可能会想"在今天所有能做的事情中,我要做的第一件事是什么?"这是大多数人错误的开始。往往会造成他们出师不利,或心情不佳。

难道你不希望有一个网页或一个移动应用程序来告诉你今天是什么日子和今天应该做什么吗?好吧,不要再只是希望啦,现在就建立一个!如果你早上起来第一件事就是使用这个程序,那么你积极着手成为天才少年的概率将是 110%!我保证!

使用活动日历程序

在开始构建之前,让我们先看看完成的活动日历,看看它都做了什么。按照以下步骤运行：

1. 访问我们的公共面板：JSFiddle 中的"fiddle"。

2. 找到名为"Chapter 15 - Activity of the Day"的程序，然后单击标题将其打开。

你将在结果面板中看到带有日期和时间的标准 JSFiddle 编辑器以及一个按钮，如图 15-2 所示。

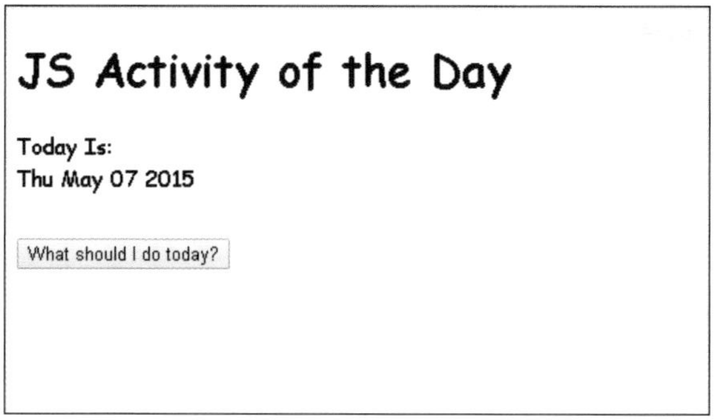

图 15-2

活动日历程序

3. 单击标有"What should I do today?"的按钮。

此按钮下方会显示一条消息，告诉你应该做什么，如图 15-3 所示。对于一周的每一天来说，该消息都是不同的。

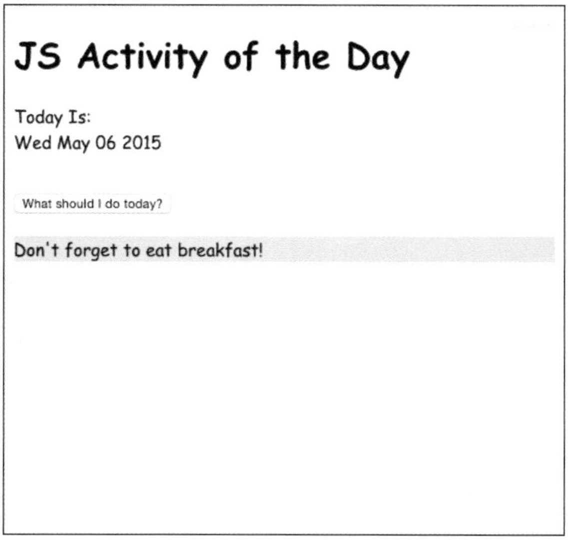

图 15-3

一天的活动

复制活动日历程序

要开始使用活动日历，请按照下列步骤操作：

1. 进入 *JSFiddle* 中的"fiddle"，访问我们的 JSFiddle 公共面板，找到名为"Chapter 15 – Activity of the Day – Start"的程序。

2. 单击程序中的标题，以在编辑器中打开它。

3. 在左侧工具栏中打开 Fiddle Options，将程序名称更改为 **Your Name's** Activity Calendar（用你的姓名替换 **Your Name's**）。

4. 单击 Update 和 Set as Base，以保存你的修改。

5. 通过单击结果面板中的按钮测试程序。

然而并没有发生任何事，这时因为 JavaScript 还没有完成。

在我们向你介绍如何完成活动日历之前，让我们先来讨论一下在本章中使用的一个重要的内置 JavaScript 对象，即 Date 对象。

使用 Date 对象

JavaScript Date 对象表示 JavaScript 程序中的一个时刻。要创建 Date 对象的实例，请使用 new 关键字并将结果分配给变量名称，如下所示：

var myDate = new Date();

以这种方式创建一个新的 Date 对象并将当前日期赋给变量。

请按照下列步骤完成测试：

1. 在 Google Chrome 中打开 JavaScript 控制台。

2. 在控制台中输入以下内容，然后按 Return（Mac）或 Enter（Windows）键。

var myDate = new Date();

控制台打印输出 undefined，表示命令已运行。

3. 输入以下内容，然后按 Return 或 Enter 键：

myDate

控制台打印出创建 Date 对象的确切日期和时间。

像我们在本书中谈到的其他 JavaScript 对象一样，Date 对象有一堆内置函数（也称为方法），你可以使用它们来使 Date 对象执行不同的操作。

表 15-1 列出了可用于从 Date 对象获取信息的方法。从对象获取信息的方法称为

getter 方法。

表 15-1　　　　　　　　　　　　　　Date 对象的 getter 方法

方法	用途
getDate()	获取每月的日期（1～31）
getDay()	获取星期几，以数字表示（0～6）
getFullYear()	获取年（yyyy）
getHours()	获取小时（0～23）
getMilliseconds()	获取一秒的分数（0～999）
getMonth()	获取月份（0～11）
getSeconds()	获取秒数（0～59）
getTime()	获取时间戳（自 1970 年 1 月 1 日以来的毫秒）

要使用 Date 对象的 getter 方法，请使用句点（或点）将它们附加到对象的实例后面。

例如，在 Chrome 开发者控制台中创建了一个用于保存 Date 对象的变量后，请按照以下步骤使用某些 getter 方法。

1. 用下面这条语句获取星期几，并返回一个数字：

myDate.getDay()

JavaScript 控制台响应从 0 到 6 的数字，其中 0 等于星期日、6 等于星期六。

2. 用下面这条语句获取一个月的日期，并返回一个数字：

myDate.getDate();

3. 用下面这条语句获取一年中的一个月份，并返回一个数字：

myDate.getMonth();

请注意，getMonth 和 getDay 都从 0 开始。在 JavaScript 中，一月的数字为 0。

另一方面，getDate 和 getFullYear 的数字都将返回你期望的数字：5 月的第二天返回数字 2，2020 年返回为 2020。

除了能够从 Date 对象获取值外，JavaScript 还允许你设置值。表 15-2 列出了可用于在 Date 对象中设置信息的方法。对象中设置信息的方法称为 setter 方法。

表 15-2　　　　　　　　　　　　　　Date 对象的 setter 方法

方法	用途
setDate()	设置月的日期（1～31）
setDay()	将星期几设置为数字（0～6）

续表

方法	用途
setFullYear()	设置年（yyyy）
setHours()	设置小时（0～23）
setMilliseconds()	设置秒的分数（0～999）
setMonth()	设置月份（0～11）
setSeconds()	设置秒数（0～59）
setTime()	设置时间戳（从 1970 年 1 月 1 日起的毫秒数）

要在 JavaScript 控制台中尝试使用某些 setter 方法，请按照下列步骤操作：

1. 使用此语句创建一个新的 Date 对象：

```
var myNewDate = new Date();
```

2. 通过在控制台中输入 Date 对象的名称找出 Date 对象的初始值：

```
myNewDate
```

控制台将 myNewDate 对象的当前值打印为字符串。

3. 使用此语句将月份更改为 8 月：

```
myNewDate.setMonth(7);
```

控制台返回一个巨大的数字。此数字是时间戳中 myNewDate 对象的新值。时间戳是 JavaScript 内部存储日期的方式。它等于 1970 年 1 月 1 日以来的毫秒数（千分之一秒）。

4. 输入对象的名称以将新日期打印成可读的字符串。

```
myNewDate
```

现在，你已经了解了如何使用 Date 对象，让我们将它与 switch 语句结合，构建活动日历程序。

构建活动日历程序

当你首次加载本章的起始程序时，JavaScript 面板会包含起始代码和描述程序 todo 注释。列表 15-2 显示了起始代码的样子。

列表 15-2　活动日志的起始 JavaScript

```
var todayDate = document.getElementById("todaysdate");
var todoButton = document.getElementById("whattodo");
```

```
// add a listener to the whattodo button
todoButton.addEventListener("click", displayActivity);

// create a new Date object
var d = new Date();

// call the displayDate() function
displayDate();

function displayDate() {
    // todo: display the current date in the todaysdate
        div
}

function displayActivity() {
    // todo: find out the day of the week
    /* todo: set a variable, called youShould, with a
        different string based on what day of the
        week it is. */

    // todo: output the value of youShould into the
        thingToDo div
}
```

让我们来看看程序到目前为止已经做好的工作。尝试在代码中找到做了以下项目的语句：

📄 定义两个新变量来保存将在程序中使用的 HTML 元素的引用。

📄 创建一个事件监听器来处理按钮的单击事件。

📄 创建 Date 对象的实例以保存当前日期。

📄 调用显示当前日期的函数。

在这些事情完成后，程序只是在坐等有人单击 What To Do 按钮。当它检测到按钮的单击事件时，将运行与事件监听器 displayActivity() 相关联的函数。

你的工作是完成这个程序中的两个功能。

在继续阅读分步说明之前，你能想到自己怎么做吗？ 试试，当你准备好了，继续，我们会带你了解它的工作原理。

1. 查找 displayDate () 函数，并在注释下面添如下语句：

```
todayDate.innerHTML = d;
```

此语句将 div 元素的 innerHTML 属性设置为 d（Date 对象）的值。

2. 单击 Update，查看结果面板中显示的日期。

3. 要使结果面板中显示的日期更易于阅读，请将其更改为以下内容：

```
todayDate.innerHTML = d.toDateString();
```

现在当你运行它时，将显示一个较短的日期，只有星期几、月份、日期和年。

4. 查找 displayActivity() 函数，并在其中添加一条语句以从 d 变量获取当前星期几：

```
var dayOfWeek = d.getDay();
```

5. 初始化一个变量来保存每天的消息字符串：

```
var youShould;
```

6. 编写 switch 语句的条件部分，该语句将判断 dayOfWeek 变量的值，后跟一个打开的大括号：

```
switch (dayOfWeek){
```

7. 写第一种情况，值为 0 或星期日：

```
case 0:
```

8. 写一条语句来设置星期日时的 youShould 值，例如：

```
youShould ="Take it easy. You've earned it! ";
```

9. 当这种情况为真时，写一个 break 语句以结束 switch 语句。

```
break;
```

10. 为一周的其他天写 case 语句。

11. 在完成了第 6 天的 case 语句后写一个默认情况，在星期数字不是从 0 到 6 的情况（概率非常小）时运行。

```
default:
  youShould = "Hmm. Something has gone wrong.";
  break;
```

12. 在一行上使用一个封闭的大括号来完成 switch 语句：

```
}
```

13. 在 switch 语句下面写一条语句来输出 youShould 的字符串，并插入到 ID 为 thingToDo 的 div 中：

```
document.getElementById("thingToDo").innerHTML = youShould
```

当所有语句都写完后，JavaScript 页面应该如列表 15-3 所示。

列表 15-3　完成的程序

```
var todayDate = document.getElementById("todaysdate");
var todoButton = document.getElementById("whattodo");

// add a listener to the whattodo button
```

```
todoButton.addEventListener("click", displayActivity);

// create a new Date object
var d = new Date();

// call the displayDate() function
displayDate();

function displayDate() {
  todayDate.innerHTML = d.toDateString();
}

function displayActivity() {
  // find out the day of the week
  var dayOfWeek = d.getDay();
  /* set a variable, called youShould, with a different
          string based on what day of the week it is */

  var youShould;

  switch (dayOfWeek) {
    case 0:
      youShould = "Take it easy. You've earned it.";
      break;
    case 1:
      youShould = "Gotta do what ya gotta do!";
      break;
    case 2:
      youShould = "Take time to smell the roses!";
      break;
    case 3:
      youShould = "Don't forget to eat breakfast!";
      break;
    case 4:
      youShould = "Learn something new today!";
      break;
    case 5:
      youShould = "Make a list of things you like to do.";
      break;
    case 6:
      youShould = "Do one thing from your list of things
          you like to do.";
      break;
    default:
      youShould = "Hmm. Something has gone wrong.";
      break;
    }

  // output the value of youShould into the thingToDo div
  document.getElementById("thingToDo").innerHTML =
          youShould;
}
```

完成后，尝试运行并单击显示的按钮。结果面板中的输出应如图 15-4 所示。

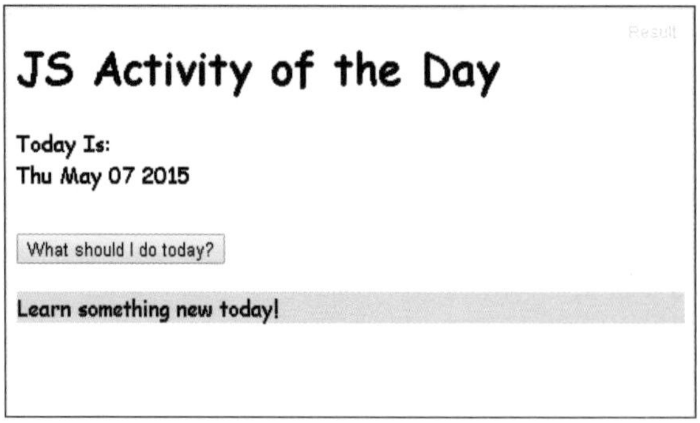

图 15-4

活动日历程序的输出

现在，你已经有了基本的活动日历，以下是一些使它变得更棒的想法：

✔ 如果你还没有自己的活动，就赶紧填写吧！

✔ 让它每月的每一天都有一个不同的活动，而不是每周的每一天。

✔ 有多个消息：一条用于一周中的某一天，一条用于一个月中的某一天，一条用于一个月，一条用于一年。

✔ 写 CSS 样式来自定义活动日历的外观。

你有其他改善活动日历的想法吗？

第 16 章
开启探险之旅

　　想象你在爬树。如果爬上一个树枝，将会看到某些事物，例如鸟巢或在你生日聚会上被困在那里的气球。如果爬上不同的树枝，你可能还会看到其他的东西，如邻居的车库。在 JavaScript 中，使用 `if...else` 或 `switch` 语句在两个或多个路径之间进行选择的技术称为分支。

　　在本章中，我们使用分支来编写一个可以自己选择的冒险游戏，要求用户输入关键字来改变故事。

You are the captain of a spaceship named "The Flying Hippo." One day, you're working on tuning up your ship's engines when you get an urgent message on your space phone:

"Captain, one of our Mars robots is sick. We need you to go to Mars immediately and retrieve it so that we can fix it and download the results of its important experiments."

You remember that you're supposed to go to a meeting of the Space Scouts tonight, and you were really looking forward to it. But, on the other hand, the other Space Scouts would understand that this mission is very important.

What do you do? Go to Mars, or stay home?

Go to Mars, or stay home?

Enter your answer: [   ] [Go!]

规划故事

　　任何一个好的故事都需要情节。情节是故事开展过程中发生事件的大纲。当一个故事的剧情会被用户的输入影响时，作家需要密切注意管理不同的剧情线。每个情节线都有相同的开始，但是中间和结束根据用户的输入而不同。

创建流程图

作为一个程序员，能够考虑到所有不同的选项，并规划出每种可能性，是一种难能可贵的技能。

我们将从创建一个简单的故事开始，该故事提出了一个问题。这就创建了两个分支。每个分支再有一个问题，这就又会多创建两个分支。最终，每一个选择都会回到两个可能的结局之一。

流程图是用于可视化故事或程序分支的有用工具。图 16-1 显示了我们交互式故事的流程图。

开发我们的故事和程序的下一步是填充一些具体情节。

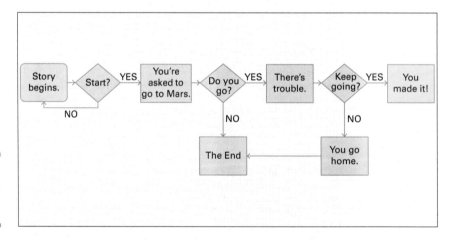

图 16-1
显示故事基本概要的
流程图

写故事

我们的故事发生在不太遥远的未来，在一个太空飞船中，你是船长，你的任务是飞往火星，取回一个停止运作的、有试验价值的旧机器人，以便可以返回地球对其进行研究。

船的发射很完美，但 260 天的航程的第一周，你就发现你的猫已经藏在了你的船上。除非有什么变化，否则可能没有足够的食物。你需要决定是否返航，或继续前往火星。

如果返航，任务就会结束，猫也会回到地球，但你的老板会生气，因为你没有取回火星机器人。

如果你继续前往火星，食物就会非常紧张，但你仍然每天给猫吃一半饭菜，因为你是一个好人。到达火星后，发现最后一个人参观了火星机器人之后，留下了一个大的冰箱，里面装满了美味的三明治。你把它们和机器人一起装进了太空船，回到地球后你被称为英雄。

玩游戏

关于这样的游戏最有趣的部分是，你的选择决定故事如何展开，并且是在探索所有不同的可能性。互动故事往往是短暂的，因为阅读和写作每种不同的可能性，比写或阅读只有一个情节的故事需要更多的努力和时间。

看看火星救援！ 游戏工程可按照下列步骤操作：

1. 打开 JSFiddle 中的 "fiddle"，进入公共面板。

你会看到我们为此图书创建的所有项目的列表。

2. 通过在公共面板中单击其标题打开 "Chapter 16 – Martian Rescue!" 项目。

打开项目，如图 16-2 所示，并且结果面板会要求你回答第一个问题。

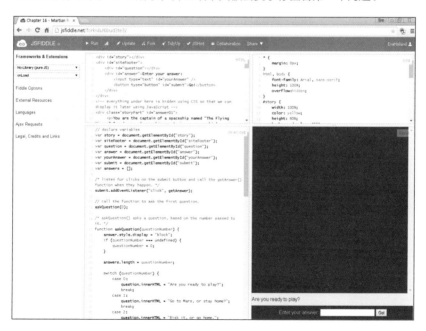

图 16-2

火星救援程序

3. 在输入字段中输入第一个问题的答案，然后单击 go 按钮。

根据你的回答，新文本将显示在结果面板中，你会被询问另一个问题。

4. 回答新的问题。

再次，程序将通过继续故事来回应你的回答。

5. 回答问题并查看结果，直到游戏结束。

6. 单击 JSFiddle 顶部菜单中的 Run 运行程序。

第一次运行程序时的文本将从结果面板中删除，你将再次看到第一个问题。

7. 再次玩游戏，但这次回答不同的答案，以便看到备用的消息和结尾。

现在你已经看到了游戏的工作原理，转到下一节，我们将向你展示如何编程，以及如何使用你自己的故事自定义它！

复制代码

我们创建了程序的基本框架，包括所有 HTML 和 CSS 代码，以及部分 JavaScript 代码。按照以下步骤在你自己的 JSFiddle 账户中创建起始程序的副本。

1. 如果你尚未登录，请登录 JSFiddle。

2. 到我们的 JSFiddle 公共面板中的"fiddle"，找到"Chapter 16 – Martian Rescue – Start"项目。

3. 单击标题打开启动项目。

4. 单击顶部菜单中的 Fork，将副本保存在你自己的 JSFiddle 账户中。

5. 将项目名称更改为"(你的姓名)MartianRescue"。

6. 单击顶部菜单中的 Update 和 Set as Base 以保存你的工作。

仔细看 HTML 和 CSS

Martian Rescue 程序的 HTML 和 CSS 部分在程序开始时完成。让我们从 HTML 面板开始先来看看它们，再完成 JavaScript。

HTML 由被 HTML 注释分隔的两部分组成。第一部分为用于显示故事的顶部部分，以及用于显示问题和答案的底部部分。

列表 16-1　**显示了 HTML 的顶部部分**

```
<div id="story"></div>
<div id="siteFooter">
    <div id="question"></div>
    <div id="answer">Enter your answer:
        <input type="text" id="yourAnswer" />
        <button type="button" id="submit">Go!</button>
    </div>
</div>
```

当程序第一次启动时，在结果面板中看到的所有内容都是这些 HTML 结合 CSS 运行的结果。

图 16-3 显示了在完成 JavaScript 之前 Martian Rescue 项目的结果面板。

注意，有 3 个不同颜色的部分：

✔ 故事将显示于顶部，深灰色的部分。

✔ 问题将显示于浅灰色的部分。

✔ 白色部分，用于显示表单和用户输入区域。

图 16-3

初始的结果面板

如果仔细看 HTML 并将其与结果面板进行比较，你会注意到一些异常。HTML 明明包含了输入字段和按钮，但这些并没有在结果面板中显示。为什么？

使用 display : none 关闭元素

因为当我们提出一个问题时，只想显示输入字段和按钮，下面我们使用 CSS 隐藏了用户输入字段和按钮。

列表 16-2 显示了 Martian Rescue 的完整 CSS 代码！

列表 16-2　Martian Rescue 的 CSS 代码！

```
*  {
    margin: 0px;
}
html, body {
    font-family: Arial, sans-serif;
    height: 100%;
    overflow:hidden;
}
#story {
    width: 100%;
    color: yellow;
    height: 80%;
    background-color: #333;
    overflow-y:scroll;
}
#site-footer, .story:after {
    position:static;
    bottom: 0;
    height: 20%;
}
#question {
    padding: 10px 0;
    width: 100%;
    background-color: #CCC;
    color: #333;
}
#answer {
    padding: 10px 0;
    width: 100%;
    background-color: #333;
    color: #FFF;
    text-align: center;
    display: none;
}
.storyPart {
    display: none;
}
p {
    margin-top: 1em;
}
```

如果再次查看 HTML，你会看到输入字段和按钮位于 ID 为 answer 的 div 元素内部。

要查看应用于此 div 元素的样式，请在 CSS 面板中找到值为 answer 的 ID 选择器的样式规则。

此样式规则中的前五个属性设置元素的背景颜色、文本颜色、间距和文本对齐方式，以及显示属性，像这样：

```
display: none;
```

当 display 设置为 none 时，它关闭元素的显示——换句话说，元素将不显示。

通常，程序员将使用 `display:none` 来隐藏他们想要使用 JavaScript 隐藏或显示的元素。当你想显示一个用 CSS 隐藏的元素时，你可以使用 JavaScript 将 display 属性的值更改为任何可见的值，如下所示：

```
document.getElementById("answer").style.display = "block";
```

看（或不看）故事部分

在创建 Martian Rescue 程序 3 个基本部分的 HTML 下，你将看到几个 div 元素。基于你在程序中做出的选择，每个都包含可能成为故事一部分的文本。

列表 16-3 显示了这些 div 元素中的第一个。

列表 16-3　第一个故事部分 div

```
<div class="storyPart" id="answer01">
    <p>You are the captain of a spaceship named "The
        Flying Hippo." One day, you're working on
        tuning up your ship's engines when you get an
        urgent message on your space phone:</p>
    <p>"Captain, one of our Mars robots is sick. We need
        you to go to Mars immediately and retrieve it
        so that we can fix it and download the results
        of its important experiments."</p>
    <p>You remember that you're supposed to go to a meeting
        of the Space Scouts tonight, and you were
        really looking forward to it. But, on the other
        hand, the other Space Scouts would understand
        that this mission is very important.</p>
    <p>What do you do? Go to Mars, or stay home?</p>
</div>
```

故事的每个部分都有一个类属性设置为 `storyPart` 和一个唯一的 ID 属性。

相同的类属性值可以应用于 HTML 文档中的多个元素，但每个 ID 属性必须是唯一的。

你可以猜测为什么在打开程序时没有一个具有 `storyPart` 类属性值的 div 元素显

示在结果面板中吗？如果你猜测，因为它们的 CSS 显示属性被设置为了 none，恭喜你，猜对了！

看看CSS面板。找到 .storyPart 选择器，注意它只有一个样式规则：display:none；。

通过将 storyPart 类每个元素的 display 属性设置为 none，我们已将它们隐藏。然后，当时机到来，我们可以使用 JavaScript 来显示故事的正确部分。

这只涵盖你需要了解的 CSS 和 HTML 部分。现在让我们来谈谈 JavaScript。

编写 "Martian Rescue!" 的 JavaScript 代码

当你首次打开 "Martian Rescue！" 的启动程序时，JavaScript 面板中包含如列表 16-4 所示的代码。

让我们通过这个代码框架完成它！

列表 16-4　Martian Rescue! 的入门 JavaScript

```
// declare variables
var story = document.getElementById("story");
var siteFooter = document.getElementById("siteFooter");
var question = document.getElementById("question");
var answer = document.getElementById("answer");
var yourAnswer = document.getElementById("yourAnswer");
var submit = document.getElementById("submit");

// todo: make an empty array called answers

/* todo: listen for clicks on the submit button and call
         the getAnswer() function when they happen. */

// todo: call the function to ask the first question

/* askQuestion() asks a question, based on the number
          passed to it */
function askQuestion(questionNumber) {
}

/* getAnswer() gets the answer from the text field and
          pushes it into the answers array, then calls
          the continueStory function */
function getAnswer() {
}

/* continueStory() displays part of the story or an error
          based on the value of an item in the answers
```

```
          array */
function continueStory(answerNumber) {
}

/* theEnd() ends the story and hides the input field */
function theEnd() {
}
```

创建元素快捷方式

代码的第一部分定义了一些全局变量，我们需要在程序的其余部分使用它们。已经完成的那些是创建对 HTML 元素引用的变量。你将使用这些变量作为快捷方式，以避免在程序中重复输入 document.getElementById。

当使用以下语句时，可以使用 myElement 代替 document.getElementById（"myElement"）：

```
var myElement = document.getElementById("myElement");
```

这可以使你的代码更简洁，更易于阅读。

创建空数组

元素快捷方式下面是一个注释，告诉你创建一个空数组。

回想一下第 11 章，创建一个空数组（没有值存储在其中）的方法是将变量的值设置为方括号，它们之间没有任何东西。要创建一个名为 answer 的空数组，请在注释下一行输入以下代码。

```
var answers = [];
```

现在你有一个没有元素的数组。因为你在程序中的所有函数之外创建了这个数组，所以这个数组在程序的任何地方都可以使用。

可以在程序中任何位置使用的变量称为全局变量。

创建事件侦听器

JavaScript 面板中的下一个待办事项表示要监听提交按钮的单击次数。单词 listen 是如何编写此代码的线索吗？你可以猜测我们将使用哪种 JavaScript 方法来收听单击次数。

如果你猜到我们将使用 addEventListener，那么恭喜你，回答正确！

请按照下列步骤操作，编写事件处理程序：

1．在注释中，告诉你要监听提交按钮的单击，首先输入提交按钮的快捷方式，然后输入句点：

```
submit.
```

2．在句点之后，输入 addEventListener 关键字，后跟括号。

```
submit.addEventListener()
```

3．在 addEventListener() 之后的括号内传递两个参数：要侦听的事件和在事件发生时调用的函数。

```
submit.addEventListener( "click",getAnswer );
```

太棒了！现在你有一个数组，用于存储用户的响应，并为按钮设置了一个事件处理程序。但是，如果现在运行程序，你会看到它像以前一样，似乎没有做任何事情。只是在结果面板中显示了 3 个相同的空白部分。

为了使这个程序做一些有用的事情，我们需要开启某种行动。在 "Martian Rescue!" 程序中通过调用 askQuestion() 函数来启动操作，如 JavaScript 面板中下一个 todo 所示。

调用 askQuestion() 函数

askQuestion() 函数接收一个参数 questionNumber。questionNumber 是要问用户的问题的编号。我们将调用编号 0 的第一个问题。

要调用函数并提出第一个问题，请在注释后输入以下命令：

```
askQuestion(0);
```

在完成待办事项时，删除 todo，以便你知道该项目已完成。

恭喜，你现在已经完成了程序中函数外的部分。你的 JavaScript 开头现在应该如列表 16-5 所示。

列表 16-5　**JavaScript 的开始部分**

```
// declare variables
var story = document.getElementById("story");
var siteFooter = document.getElementById("siteFooter");
```

```
var question = document.getElementById("question");
var answer = document.getElementById("answer");
var yourAnswer = document.getElementById("yourAnswer");
var submit = document.getElementById("submit");
var answers = [];

/* listen for clicks on the submit button and call the
   getAnswer() function when they happen */

submit.addEventListener("click", getAnswer);

// call the function to ask the first question
askQuestion(0);
```

如果现在运行程序，你将看到在结果面板中仍然不执行任何操作。

为了使程序实际做事，我们需要完成这些功能。

编写函数

我们将要处理的第一个函数是提示用户回答问题的函数，即 askQuestion() 函数。

要完成 askQuestion() 函数，请按照下列步骤操作：

1. 更改 answer div 的 display 属性的值，使用以下代码显示输入字段和按钮：

```
answer.style.display ="block";
```

此语句将使表单显示在结果面板中。

2. 使用以下代码更改答案数组的长度以匹配要询问的问题的数目：

```
answers.length = questionNumber;
```

此语句使用传递给函数的参数来设置 answers 数组的 length 属性。这样做，答案总是能够存储在他们的答案数组中。在用户输入无效值（例如"maybe"），而问题要求回答"yes"或"no"时，将数组的长度设置为问题编号，将导致当问题被再次要求回答时无效值将会被覆盖。

当将数组的 length 属性设置为小于数组实际长度的数字时，新长度后的元素将被删除。

3. 编写一个 switch 语句，它将根据传递给函数的参数来确定要回答哪个问题。

这里是 switch 语句的代码：

```
switch (questionNumber) {
        case 0:
```

```
                    question.innerHTML = "Are you ready to play?";
                    break;
                case 1:
                    question.innerHTML = "Go to Mars, or stay home?";
                    break;
                case 2:
                    question.innerHTML = "Risk it, or go home.";
                    break;
                default:
                    break;
            }
```

从技术上讲，在 switch 语句的默认子句之后使用 break 语句是不必要的，因为交换机将在默认子句之后退出。如果它不做任何事情，在这种情况下，也没有必要指定一个默认子句。但我们认为，为了一致性做这两个事情仍然是有意义的。

4. 在 switch 语句之后，使用关闭的大括号结束函数，如下所示：

```
}
```

5. 通过单击 Update 来保存你的工作。

完成的 askQuestion() 函数如列表 16-6 所示。

列表 16-6 完成的 askQuestion() 函数

```
/* askQuestion() asks a question, based on the number
             passed to it. */
function askQuestion(questionNumber) {
    answer.style.display = "block";

    //make sure the array is the right length
    answers.length = questionNumber;
    switch (questionNumber) {
        case 0:
            question.innerHTML = "Are you ready to play?";
            break;
        case 1:
            question.innerHTML = "Go to Mars, or stay
            home?";
            break;
        case 2:
            question.innerHTML = "Risk it, or go home.";
            break;
        default:
            break;
    }
}
```

完成 askQuestion() 函数之后，现在结果面板可以执行某些操作了。你将看到第一个问题，在其下方将显示输入字段和按钮，如图 16-4 所示。

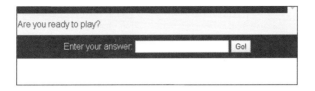

图 16-4

显示第一个问题

然而，这时将任何值放入输入字段，然后按 Go 按钮，都不会有任何事情发生。为了使游戏工作，我们需要写下面的两个函数。

按照以下步骤写入 getAnswer() 函数。

1. 从输入字段获取值，并使用以下语句将其转换为大写字母：

```
cleanInput = yourAnswer.value.toUpperCase();
```

2. 使用数组方法 push 将用户的答案作为新元素添加到 answers 数组的末尾，如下所示：

```
answers.push( cleanInput );
```

3. 重置输入字段，清除当前值，如下所示：

```
yourAnswer.value ="";
```

4. 调用 continueStory() 函数，传递答案数组中最后一个元素的下标，使用下面的代码：

```
continueStory ( answers.length - 1 );
```

因为数组从 0 开始计数，所以长度（数组中的元素数量）总是比最后一个元素的下标多 1，这就是我们从上面的长度减去 1 的原因。

5. 使用关闭的大括号完成 getAnswer() 函数。

```
}
```

完成的 getAnswer() 函数如列表 16-7 所示。

下面开始编写 continueStory() 函数。

列表 16-7　完成的 getAnswer() 函数

```
/* getAnswer() gets the answer from the text field and
         pushes it into the answers array, then calls
         the continueStory function */
```

```
function getAnswer() {
    cleanInput = yourAnswer.value.toUpperCase();
    answers.push(cleanInput);
    yourAnswer.value = "";
    continueStory(answers.length -1);
}
```

编写 continueStory()

continueStory() 函数使用 if...else 语句来确定用户是否输入了有效值，然后根据该输入显示故事的正确部分。

按照以下步骤编写 continueStory()：

1. 编写一个 switch 语句，根据参数值来找出问题。

基本的 switch 语句，没有 if...else 语句的问题，看起来像这样：

```
switch (answerNumber) {
  case 0:
    //insert statements
    break;
  case 1:
    // insert statements
    break;
  case 2:
    // insert statements
    break;
  default:
    // insert statements
    break;
}
```

2. 编写游戏中的第一个问题 "Are you ready to play?" 的 if...else 语句。

当它完成后，switch 语句中的第一 case 应该是这样的：

```
case 0:

if (answers[0] === "YES") {
  story.innerHTML = document.getElementById("answer01").
            innerHTML;
  askQuestion(1);
} else if (answers[0] === "NO") {

  story.innerHTML = document.getElementById("answer02").
            innerHTML;
  askQuestion(0);
```

```
} else {

  story.innerHTML = document.getElementById("err0").innerHTML;
  askQuestion(0);

}

break;
```

让我们逐行查看这段代码：

```
case 0:
```

此行说如果用户回答了第一个问题，请运行以下语句。

```
if (answers[0] === "YES") {
```

这行说如果数组中的第一个元素（对应于第一个问题）的值为"YES"，运行以下语句。请记住，在 getAnswer() 函数中，我们将用户的输入转换为大写，然后将其推入数组。所以，用户可以输入 **yes**、**Yes** 甚至 **yeS**，这个语句仍然是真的。

```
story.innerHTML = document.getElementById("answer01").
          innerHTML;
```

此语句从 ID 为 answer01 的 div 元素内部获取 HTML 表单，并覆盖 ID 为 story 的 div 内容。如果在 HTML 面板中找到 ID 等于 answer01 的 div，你会看到它是故事的开始。

当你对"Are you ready to play?"的问题回答"yes"时，故事的第一部分将显示。

```
askQuestion(1);
```

这个语句调用 askQuestion 函数并告诉它提出问题 # 1。这将使 askQuestion 函数询问"Go to Mars, or stay home?"

```
} else if (answers[0] === "NO") {
```

如果用户没有回答"yes"，就将运行 else 子句。但这里我们放置一个 if else 子句，这样我们可以测试一个值是否为"NO"，而非答案不是"YES"。

```
story.innerHTML = document.getElementById("answer02").innerHTML;
```

如果答案是"NO"，将故事 div 的 innerHTML 设置为相应的消息。

```
askQuestion(0);
```

因为他们说他们还没准备好玩，所以再问他们第一个问题，直到他们准备好了。

```
} else {
```

如果用户未输入 "yes" 或 "no"，请执行以下操作：

```
story.innerHTML = document.getElementById("err0").innerHTML;
```

将故事 div 的值设置为错误消息，告诉他们输入 "yes" 或 "no"。

```
askQuestion(0);
```

再次问第一个问题，希望他们这一次能提供一个好的答案！

3. 在游戏中写下其他两个问题的 case，如下所示：

```
case 1:
if (answers[1] === "GO TO MARS") {
  story.innerHTML = document.getElementById("answer11").
            innerHTML;
  askQuestion(2);
} else if (answers[1] === "STAY HOME") {
  story.innerHTML = document.getElementById("answer12").
            innerHTML;
  theEnd();
} else {
  story.innerHTML = document.getElementById("err1").innerHTML;
  askQuestion(1);
}
  break;
case 2:
  if (answers[2] === "RISK IT") {
  story.innerHTML = document.getElementById("answer21").
            innerHTML;
  theEnd();
} else if (answers[2] === "GO HOME") {
  story.innerHTML = document.getElementById("answer22").
            innerHTML;
  theEnd();
} else {
  story.innerHTML = document.getElementById("err2").innerHTML;
  askQuestion(2);
}
  break;
default:
  story.innerHTML = "The story is over!";
  break;
}
```

4. 使用关闭花括号完成功能。

```
}
```

5. 通过单击 Update 保存你的工作。

完成的 continueStory() 函数如列表 16-8 所示。

列表 16-8　**continueStory( ) 函数**

```
/* continueStory() displays part of the story or an error
       based on the value of an item in the answers
       array. */
function continueStory(answerNumber) {
    switch (answerNumber) {
        case 0:
            if (answers[0] === "YES") {
                story.innerHTML = document.
            getElementById("answer01").innerHTML;
                askQuestion(1);
            } else if (answers[0] === "NO") {
                story.innerHTML = document.
            getElementById("answer02").innerHTML;
                askQuestion(0);
            } else {
                story.innerHTML = document.
            getElementById("err0").innerHTML;
                askQuestion(0);
            }
            break;
        case 1:
            if (answers[1] === "GO TO MARS") {
                story.innerHTML = document.
            getElementById("answer11").innerHTML;
                askQuestion(2);
            } else if (answers[1] === "STAY HOME") {
                story.innerHTML = document.
            getElementById("answer12").innerHTML;
                theEnd();
            } else {
                story.innerHTML = document.
            getElementById("err1").innerHTML;
                askQuestion(1);
            }
            break;
        case 2:
            if (answers[2] === "RISK IT") {
                story.innerHTML = document.
            getElementById("answer21").innerHTML;
                theEnd();
            } else if (answers[2] === "GO HOME") {
                story.innerHTML = document.
            getElementById("answer22").innerHTML;
                theEnd();
            } else {
```

```
                        story.innerHTML = document.
                getElementById("err2").innerHTML;
                        askQuestion(2);

                }
                break;
            default:
                story.innerHTML = "The story is over!";

                break;
        }
    }
}
```

我们需要写的最后一个函数是当故事结束时运行的函数。

编写 theEnd()

theEnd() 函数将打印故事的最后一行，并隐藏答案 div 的内容——包括问题以及输入字段和按钮。请按照下列步骤操作，编写 theEnd() 函数：

1. 在 theEnd() 的函数体中输入以下语句，以在故事 div 中的最后一个文本之后打印出"The End"：

```
story.innerHTML += "<p>The End.</p>";
```

2. 使用此语句清除问题 div 中提出的最后一个问题：

```
question.innerHTML ="";
```

3. 使用此语句隐藏输入字段和按钮：

```
answer.style.display ="none";
```

4. 单击 Update 以保存你的工作。

最后 theEnd() 函数如列表 16-9 所示。

列表 16-9　theEnd() 函数

```
/* theEnd() ends the story and hides the input field */
function theEnd() {
    story.innerHTML += "<p>The End.</p>";
    question.innerHTML = "";
    answer.style.display = "none";
}
```

完成了 Martian Rescue 程序。单击 Update 并单击 Set as Base，再尝试运行！

如果你做的一切都正确，你应该能够以任何你想要的方式玩游戏。图 16-5 显示了正在进行的游戏结果面板。

你有其他互动故事吗？ 你能想出其他方式来修改我们的故事，使它更长、更令人兴奋或更有趣吗？试验程序，并与你的朋友或我们在线分享你的工作！我们期待看到你的成果！

图 16-5

玩 "Martian Rescue!"
游戏界面

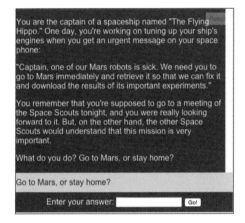

You are the captain of a spaceship named "The Flying Hippo." One day, you're working on tuning up your ship's engines when you get an urgent message on your space phone:

"Captain, one of our Mars robots is sick. We need you to go to Mars immediately and retrieve it so that we can fix it and download the results of its important experiments."

You remember that you're supposed to go to a meeting of the Space Scouts tonight, and you were really looking forward to it. But, on the other hand, the other Space Scouts would understand that this mission is very important.

What do you do? Go to Mars, or stay home?

Go to Mars, or stay home?

Enter your answer: [＿＿＿＿] [Go!]

第 6 部分

循环

Lunch Game!

Result

You get a weekly allowance of $20 to buy lunch. Sandwiches are always between $1 and $5, but you never know the price until you get to school.

Your goal is to be able to buy lunch every day of the week.

How many sandwiches do you want per day?

2   Place Order

On day 1, sandwiches are: $2.89. You have $14.22 left.

On day 2, sandwiches are: $2.12. You have $9.98 left.

On day 3, sandwiches are: $3.94. You have $2.10 left.

Today, sandwiches are: $2.65. You don't have enough money. Maybe your sister will give you some of her sandwich.

You bought 3 lunches this week.

这一部分里……

第 17 章
什么是 For 循环

当你事先知道某件事需要做多少次的时候，for 循环总是很有用的。与 JavaScript 一样，你可以使用 for 循环计数到 10，或者计数到 1000000。

在本章中，让我们来看一看 JavaScript 中最受欢迎的循环类型：for 循环。我们将使用 for 循环来创建自己的天气预报应用程序。

Forecast for Monday:	**Forecast for Tuesday:**	**Forecast for Wednesday:**	**Forecast for Thursday:**	**Forecast for Friday:**
Thunderstorm and 35 degrees.	Cloudy and 55 degrees.	Partly Cloudy and 80 degrees.	Sunny and 17 degrees.	Cloudy and 11 degrees.

介绍 for 循环

for 循环是 JavaScript 中最常用的循环类型。这里有一个打印单词的循环示例，打印 500 次 "hello,JavaScript! " 到 JavaScript 控制台。

```
for (var counter = 0; counter < 500; counter++) {
    console.log(counter + ": Hello, JavaScript!");
}
```

图 17-1 显示了该代码在 JavaScript 控制台运行时的样子。

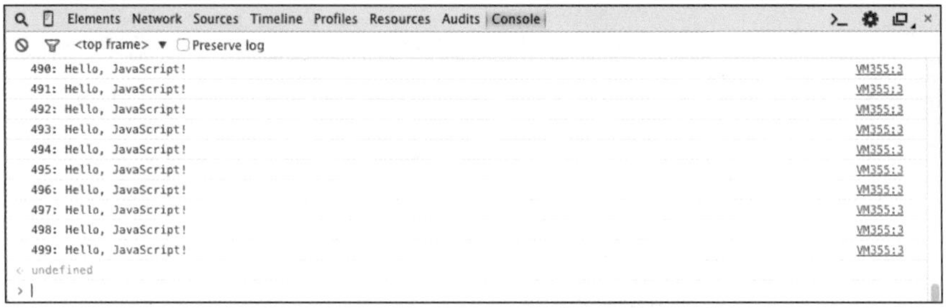

图 17-1

打印 500 次 "Hello, JavaScript! "

这不是一个很有趣的循环运用方式，但是我们可以看出，写循环语句比写 500 次 console.log 语句容易得多。

让我们仔细看看如何编写 for 循环。

for 循环的三个部分

for 循环由三个不同的语句组成：

✓ **初始化**：初始化语句声明一个变量，该循环将用它来跟踪循环已被运行了多少次。

✓ **条件**：每次循环迭代中都需要求值的布尔表达式。

✓ **最终表达式**：每次循环迭代之后都要运行的表达式。

下面是 "Hello,JavaScript! " 循环的工作原理：

1. 一个新的变量，在本例中为 counter，初始值为 0。

2. 做一个判断，检查计数器是否小于 500。

如果条件满足，那么循环中的语句将运行。在本例中，console.log 语句将打印 "Hello,JavaScript! "

3. 最终表达式使 counter 变量递增（加 1）。

4. 条件语句再次进行判断，以确定 counter 是否仍小于 500。

如果是这样，循环体中的语句将被再次执行。

5. 最终表达式再次递增 counter。

6. 步骤 2 和 3 一直运行到条件（counter< 500）不再是真为止。

编写和使用 for 循环

`for` 循环语句的用处之一是你可以根据计数器来更改循环语句中的输出。

`for` 循环技术的常见例子是使用 `for` 循环来计数。列表 17-1 展示了一个在 alert 语句中显示倒计时的应用程序。

列表 17-1　JavaScript 倒计时

```
for (var i = 10; i > 0; i--) {
  alert (i);
}
alert ("Blast Off!");
```

按照以下步骤测试此程序：

1. 打开 JSFiddle 并登录。

2. 通过单击 JSFiddle 标志打开一个新程序。

3. 在 JavaScript 面板中输入列表 17-1 中的代码。

4. 单击 Run 按钮运行程序。

将显示一个包含数字 10 的警告弹出框。在弹出框中单击 OK，将显示一个数字为 9 的新弹出框。循环往复，直到计数器变量（i）的值不再大于 0。此时，循环将退出，并显示最终弹出框，其中包含短语 "Blast Off!"。

计数是 for 循环一个很好的用途，但还有一个更好、更有用的地方，你可以用 `for` 循环实现：循环遍历数组。

列表 17-2 展示了一个创建包含人名的数组程序。`for` 循环在数组的每个值之后拼接相同的语句，并将其输出。

列表 17-2　使用 for 输出数组值

```
var myFriends = ["Agatha", "Agnes", "Jermaine", "Jack"];

for (var i = 0; i < myFriends.length; i++){
  alert(myFriends[i] + " is my friend.");
}
```

要使用 `for` 循环输出数组中的所有值，只需使用数组的 `length` 属性来查找数组中有多少个元素，并将它作为循环次数。

然后，在循环中使用计数器变量（在本例中为 i）输出相应的数组元素。

当你知道如何输出数组元素时，你可以用 `for` 循环做各种各样很酷的事情。例如，在下一节中，我们将使用 for 循环创建一个五天天气预报！

随机天气预报

欢迎来到美国某镇！ 我们这里有一句习语:"如果你不喜欢这里的天气，等五分钟！"我们的意思是这里的天气是完全随机的。今天下雪，明天炎热。真的没法预测——这就是为什么我们聘请了你。

你作为我们新的气象学家，工作是创建完全随机的天气预报，以便我们可以将其打印在报纸上，并在电视上谈论它们。

准备好了吗？ 好吧，让我们开始预测！

我们需要做的第一件事是了解如何在 JavaScript 中获取随机值。

使用 Math.random()

JavaScript 有用于创建随机数的内置函数。这个函数被称为 Math.random()。

每次运行 Math.random() 函数时，它都会创建一个 0 到 1 之间的随机十进制数。使用这个随机值，可以完成游戏编程所需的各种事情，包括添加惊喜元素、怪物的运动或从阵列中随机选择元素以创建疯狂的天气预报。

列表 17-3 显示了一个简单的程序，它在每次运行时弹出一个随机值。尝试运行几次该程序（在 JavaScript 控制台或 JSFiddle），以验证你没有获得相同的值。

列表 17-3　随机数弹窗

```
alert(Math.random());
```

图 17-2 显示了当我们在 JSFiddle 中运行此语句时我们得到的随机数。

图 17-2
随机数

程序员通常使用此十进制数进行的操作是，使用运算符和其他函数来创建新的值或所需的随机值范围。

如果你想要一个介于 0 和 10 之间的随机数，你可以将随机数乘以 11，如下所示：

```
alert(Math.random() * 11);
```

如果要从结果中删除十进制数，可以使用 Math.floor() 函数，如下所示：

```
alert(Math.floor(Math.random() * 11);
```

如果你想要 10 到 1000 之间的随机数，可以将随机值乘以最大数减去最小数的值，然后将结果加上较小的数，如下所示：

```
alert(Math.floor(Math.random() * (1000 - 100) + 100));
```

如果你想随机选择一个数组的值，它的工作方式与从 0 开始选择一个随机数相同，只是需要将随机数乘以数组的长度。

例如，列表 17-4 创建了一个名为 myFriends 的数组，然后使用 Math.random() 从该数组中选择一个元素，并弹出其值。

列表 17-4　随机找一个朋友

```
var myFriends = ["Agatha", "Agnes", "Jermaine", "Jack"];
var randomFriend = Math.floor(Math.random() *
            myFriends.length);

alert(myFriends[randomFriend]);
```

当在 JSFiddle 中运行此程序时，结果面板将显示具有随机好友名称的弹窗，如图 17-3 所示。

图 17-3

随机选择一个朋友

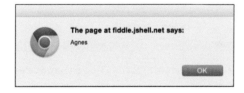

现在你已经了解了如何使用 JavaScript 获取随机数据，让我们继续编写应用程序！

编写应用程序

要编写随机天气预报，请按照下列步骤操作。

1. 打开 JSFiddle 并登录。

2. 通过单击 JSFiddle 图标创建一个新程序。

3. 打开左侧的 Fiddle Options 面板，然后输入程序的名称，例如 Random Weather。

4. 单击顶部菜单中的 Save 以保存你的工作，并将其发布到你的公共面板。

5. 在 HTML 面板中创建一个 id 为 5DayWeather 的 div 元素，像这样：

```
<div id="5DayWeather"></div>
```

6. 在 JavaScript 面板中，首先创建一个星期几的数组：

```
var days = ["Monday","Tuesday","Wednesday","Thursday","Friday"];
```

7. 创建一个名为 weather 的第二个数组。

这个数组中的元素应该是不同类型的天气。随意放入尽可能多的不同类型的天气，这是我们的列表：

```
var weather = ["Sunny", "Partly Sunny", "Partly Cloudy",
               "Cloudy", "Raining", "Snowing", "Thunderstorm",
               "Foggy"];
```

8. 创建两个变量，minTemp 和 maxTemp，保存你希望随机天气程序输出的最低和最高温度。

这里是我们的数字（华氏度）：

```
minTemp = 0;
maxTemp = 100;
```

9. 写一个新函数，名为 generateWeather()。

```
function generateWeather() {
```

10. 函数体的第一行将从一个 for 循环开始，循环遍历一周的每一天。

```
for (var i = 0; i < days.length; i++) {
```

11. 声明一个新的变量，weather，从天气数组获得一个随机元素。

```
var weatherToday = weather[Math.floor(Math.random() * weather.
                   length)];
```

12. 声明一个新变量 tempToday，它将在 minTemp 和 maxTemp 变量值之间得到一个随机温度。

```
var tempToday = Math.floor(Math.random() * (maxTemp - minTemp)+
                minTemp);
```

13. 通过向 JavaScript 面板添加以下代码，使用 innerHTML 输出 div 元素中 weatherToday 和 tempToday 的值。

```
document.getElementById("5DayWeather").innerHTML += "<div id='" +
        days[i] + "' class='" + weatherToday +
        "'><b>Forecast for " + days[i] + ":</b><br><br>" +
        weatherToday + " and " + tempToday + " degrees.</
        div>";
```

请注意，上述代码将星期的名称设置为 ID 属性，将天气类型添加为类属性。我们将在后面使用 CSS 样式化这些元素。

14. 关闭循环和关闭函数。

```
  }
}
```

15. 最后，在变量声明之后、函数体之上插入一个对 generateWeather 函数的调用。

```
generateWeather();
```

16. 单击顶部菜单中 Update 和 Set as Base 以保存你的工作。

完成的 JavaScript 代码应如列表 17-5 所示。

列表 17-5　完成的 JavaScript 代码

```
var days = ["Monday", "Tuesday", "Wednesday", "Thursday",
        "Friday"];
var weather = ["Sunny", "Partly Sunny", "Partly Cloudy",
        "Cloudy", "Raining", "Snowing", "Thunderstorm",
        "Foggy"];
var maxTemp = 100;
var minTemp = 0;

generateWeather();

function generateWeather() {
  for (var i = 0; i < days.length; i++) {
    var weatherToday = weather[Math.floor(Math.random() *
        weather.length)];
    var tempToday = Math.floor(Math.random() * (maxTemp -
        minTemp) + minTemp);

    document.getElementById("5DayWeather").innerHTML +=
        "<div id='" + days[i] + "' class='" +
        weatherToday + "'><b>Forecast for " + days[i] +
        ":</b><br><br>" + weatherToday + " and " +
        tempToday + " degrees.</div>";
  }
}
```

当你运行这个程序时（通过单击 JSFiddle 顶部菜单的 Run），其结果是显示五个工作日，并且其后紧跟每个工作日的天气预报，如图 17-4 所示。

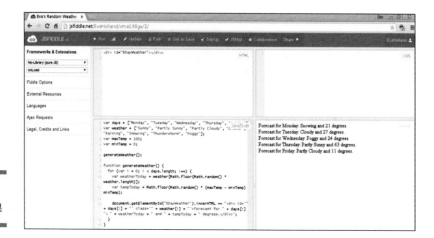

图 17-4

列表 17-5 运行的结果

检查结果

现在我们有了一个基本的天气预报程序，但它不是十分具有吸引力。幸运的是，我们很有远见，在输出中为每个 div 添加了 id 和类属性。

按照以下步骤检查结果面板中的输出，并查看通过 JavaScript 添加的 HTML 元素及其属性：

1. 单击 JSFiddle 顶部菜单栏中的 Update 或 Run。结果面板将显示新的预测列表。

2. 选择 Chrome➪More Tools➪Developer Tools，打开 Chrome 开发者工具。

3. 单击 Chrome 开发工具中的元素标签，将显示"元素"面板，如图 17-5 所示。

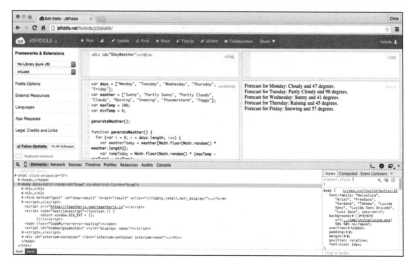

图 17-5

开发工具中的 Elements
面板

4. 单击 Elements 面板左上角的 Inspector 工具（看起来像放大镜）。

5. 将鼠标移到结果面板上。

当鼠标移动到面板时，面板中的元素将突出显示，如图 17-6 所示。

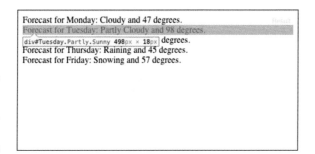

图 17-6

突出显示的结果面板
中的元素

6. 当鼠标悬停在结果面板一周中的某一天时，单击它。

Elements 面板更新以突出显示创建单击的元素的代码，如图 17-7 所示。

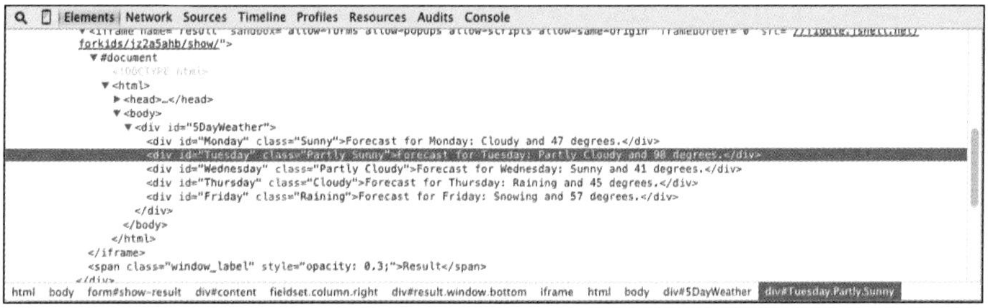

图 17-7

突出显示你单击的
元素

7. 单击结果面板中的一些其他元素，并观察每个元素的 id 属性、类和内容的不同。

在下一节中，我们将使用 id 和 class 属性将样式应用于程序的输出。

为应用程序设计样式

根据 id 和 class 属性选择元素，我们可以为每天设置样式，并根据当天预测的天气自定义那天的外观。

按照以下步骤将一些样式应用于应用程序：

1. 在 CSS 面板中创建样式，使用此代码对每个相同的日期进行样式化。

```
#Monday, #Tuesday, #Wednesday, #Thursday, #Friday {
    width: 18%;
```

```
        height: 200px;
        float: left;
        border: 1px solid black;
        padding: 2px;
        font-family: sans-serif;
        font-size: 12px;
}
```

此规则为一周内的每一天都创建了边框、宽度、高度、字体样式和一些间距。我们还设置 float 属性等于 left，以使所有的日子并排而不是堆叠。

2. 为几种不同类型的天气创建样式：

```
.Sunny {
        background-color: skyblue;
}
.Raining {
        background-color: lightgrey;
}
.Cloudy {
        background-color: #eee;
}
.Thunderstorm {
        background-color: #333;
        color: #fff;
}
```

当在类属性中有空格（例如在 Partly Sunny 和 Partly Cloudy 中）时，这两个字被视为单独的类属性。因此，类值为 Partly Cloudy 的元素将使用与 .Cloudy 相关联的 CSS 进行样式化，类值为 Partly Sunny 的元素将使用与 .Sunny 相关联的 CSS 进行样式化。

3. 单击 Update 和 Set as Base 以保存你的工作。

结果面板将更新并以更具吸引力的新格式显示你的预测，如图 17-8 所示。

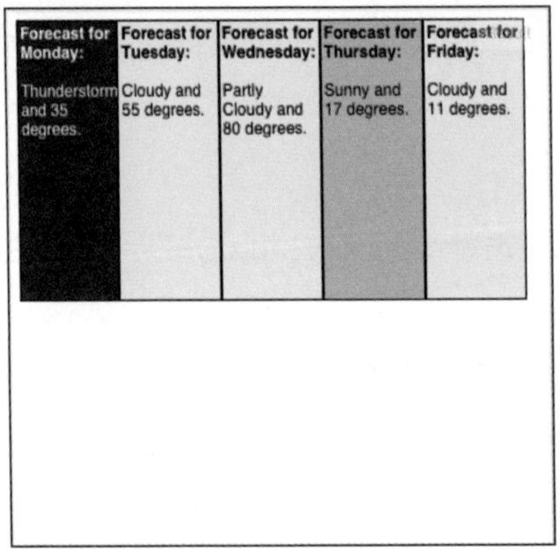

图 17-8

完成的 WeatherForecast
应用程序

第18章
使用 While 循环

只要满足条件，while 循环一直循环。while 循环将完成这项工作，直到循环结束——没有任何疑问！

在本章中，我们使用一个 while 循环来编写一个买三明治的游戏，直到你将钱用尽。该游戏的目的是确保你的午餐钱足够维持一周。

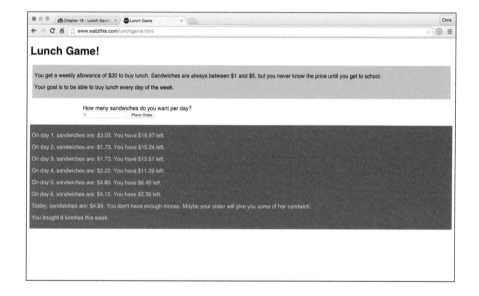

编写 while 循环

与 for 循环相比，while 循环更简单。它只有一部分，一个布尔表达式，决定循环停止和继续运行。

这里是一个 while 循环的例子：

```
while (money > 0) {
  buyThings();
```

```
    saveMoney();
    payTaxes();
}
```

这个循环执行三个函数，即 buyThings()、saveMoney() 和 payTaxes()，只要 money 变量的值大于 0 即可。

for 循环具有更好的计数表达式。while 循环需要你在循环体中改变条件表达式。

while 循环体内仅调用了三个函数。当你真正实现这些函数时，需要在函数体内更新 money 变量的值，以便循环在某个点停止（当然，我们希望它是一个永不停止的循环）。

如果不修改 while 循环条件变量的值，就会创建一个所谓的无限循环。无限循环不会损坏你的计算机，但它可能会导致你的 Web 浏览器停止运行，从而让你强制退出——承担没有保存修改内容的风险。所以，一定要仔细检查你的 while 循环以确保他们不是无限循环！

while 循环可以做 for 循环能做的任何事情，但是代码稍微有点区别。让我们来看看第 17 章中讨论的三种 for 循环用法，以及如何用 while 循环实现。

循环一定次数

列表 18-1 显示了如何使用 while 循环来打印 500 次"Hello, JavaScript！"到控制台窗口。

列表 18-1　打印"Hello, JavaScript！"

```
var i = 0;
while (i < 500) {
    console.log(i + ": Hello, JavaScript!");
    i++;
}
```

请注意，列表 18-1 中的程序包含了 for 循环三个不同的部分（初始化，条件表达式和最终表达式）：在括号内的条件表达式，在 while 循环之前的初始化（var i = 0;）操作，在 while 循环内的最终表达式（i ++）。

使用 while 计数

要创建一个计数循环，可以在每次循环遍历中修改变量值，并在循环体内的其他语句中使用该变量。

列表 18-2 显示了类似于第 17 章的倒计时程序，但是使用的是一个 while 循环。

列表 18-2　使用 while 倒计时

```
var count = 10;
while (count > 0) {
  alert(count);
  count--;
}
alert("Blast Off!");
```

使用 while 循环遍历数组

使用 while 循环遍历数组比使用 for 循环更容易。要使用 while 循环数组，请更改循环条件来判断数组的元素是否已经声明。

要测试一个元素是否已被声明，只需将带有下标的数组元素名称放在 while 关键字后的括号内。

例如，列表 18-3 显示了一个循环遍历人名列表的示例。

列表 18-3　循环人名列表

```
var people = ["Deborah","Carla","Mary","Suzen"];
var i = 0;
while (people[i]) {
  alert(people[i]);
  i++;
}
```

for 循环圆括号内的条件和 while 循环内的条件都是一个布尔表达式，这意味着它的计算结果返回 true 或者 false。当使用数组元素（如 people [5]）作为一个布尔表达式时，只要数组中存在该元素，其结果就是 true。

编写午餐游戏

午餐游戏是机会游戏和数学游戏的独特组合。游戏的目的是试图通过预算来让你一周内的每一天都有三明治吃。

但是，比如这个场景：你去世界上最奇怪的学校，该学校内的三明治在做出来之前不知道价格——但在一周开始之前，你还必须提前买完本周的三明治！

你知道三明治的价格总是在 1 美元～5 美元之间，如果你够幸运，在这就可以买到 4～20 个三明治。

你愿意承担多少风险？如果你在一周结束之前就吃完了所有的三明治，是否会有人帮助你并且给你一部分他们的三明治？ 你能吃掉多少三明治？

所有这些问题或者其他更多的问题将在午餐游戏中给出答案。

复制代码

开始写午餐游戏，请按照下列步骤操作：

1. 访问 JSFiddle 公共面板中的 "fiddle"，将看到我们所有的公共程序的列表。

2. 找到名为 "Chapter 18 – Lunch Game – Start," 的程序，然后单击标题打开它。启动程序，如图 18-1 所示。

我们为你编写了 HTML、CSS 和大部分 JavaScript。你唯一要做的是编写 buyLunches() 函数。

在下一节中，我们将给你演示如何实现它！

图 18-1

午餐游戏的启动程序

写 buyLunches()

列表 18-4 显示了 buyLunches() 函数的开始代码和注释部分。

列表 18-4　buyLunches() 的启动点

```
/*
buys specified number of sandwiches per day at current
         prices
*/
function buyLunches() {
    /*
    todo:
    * reset the form
    * start a loop
    * get daily sandwich order
    * calculate total price
    * figure out if there's enough money
    * if so: subtract money, increment number of lunches,
          and start loop over
    * if not: display 'out of money' message
    * display total lunches after loop exits
    */
}
```

按照以下步骤实现这些函数的功能体：

1. 在 buyLunches() 函数体内调用 resetForm() 函数并且初始化一个变量以跟踪当前日期。

```
resetForm();
var day = 0;
```

2. 创建买三明治的循环，直到你的钱用完。

```
while (money > 0) {
```

3. 通过调用 getSandwichPrice() 函数获取三明治的当前价格，并将返回值赋给变量。

```
var priceToday = getSandwichPrice();
```

在此处，看看 getSandwich Price() 函数。它的作用是随机生成一个介于 1~5 的数。

4. 获取用户在表单字段中输入的三明治数量。

```
var numberOfSandwiches = document.
            getElementById("numSandwiches").value;
```

5. 通过三明治的数量乘以三明治当前的价格计算总价。

```
var totalPrice = priceToday * numberOfSandwiches;
```

6. 确认是否还有足够的钱买三明治。

```
if(money >= totalPrice) {
```

7. 如果足够，就用总的金额减去本次消费金额。

```
money = money - totalPrice;
```

恭喜！你已经成功购买了午餐！

8. 增加用来记录购买次数的 lunches 变量。

```
lunches++;
```

9. 输出一个告诉用户他刚才买三明治的价格以及他还剩余多少钱的消息。

```
document.getElementById("receipt").innerHTML += "<p>On day " +
        day + ", sandwiches are: $" + priceToday + ". You
        have $" + money.toFixed(2) + "left.</p>";
```

注意，money 变量已经用了 toFixed() 方法。toFixed() 方法将一个数字转换为一个字符串，同时保留括号内指定的小数位数。在这种情况下，因为要打印出货币值，所以我们保留两位小数。

10. 接下来，启动 if...else 的 else 子句来处理剩余的钱数不足以购买指定数量三明治的场景。

```
} else {
```

11. 当 else 子句运行时，输出一个用户没有足够的钱购买另一顿午餐的特殊消息。

```
document.getElementById("receipt").innerHTML += "<p>Today,
        sandwiches are: $" + priceToday + ". You don't have
        enough money. Maybe your sister will give you some
        of her sandwich.</p>";
```

12. 在 else 子句中将钱的值设置为 0，防止循环再次运行。

```
money = 0;
```

13. 用大括号结束 if...else 语句和 while 循环。

```
    }
}
```

14. 循环完成后，输出用户能够购买的午餐总数。

```
document.getElementById("reciept").innerHTML += "<p>You bought " +
                    lunches + "lunches this week.</p>";
```

15.　使用大括号关闭函数。

```
}
```

16.　单击顶部菜单的 Update 和 Set as Base，保存修改。

试试看

完整的午餐游戏如图 18-2 所示。

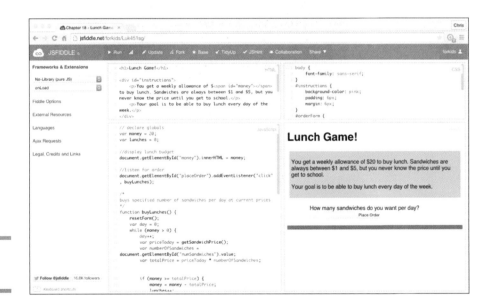

图 18-2

完整的午餐游戏

如果你在文本字段中输入数字并按下 Place Order 按钮，程序会通过随机价格计算出你要买多少顿午餐。记住:午餐包括一个或多个三明治，根据你的输入来决定。

通过输入文本框中不同的数字并且多次运行程序，看看随机数字和你每周能买的午餐数量是不是有很大变化。

图 18-3 显示了运行程序的一个可能结果。

图 18-3

运行午餐游戏

回到你自己的网站

假设你有一个很棒的游戏，想放在自己的网站上与世界分享，并且需要跨越 JSFiddle 的墙壁。在本节中，我们将向你展示如何做到这一点！

了解虚拟主机

每个网站都有一个唯一的地址，人们可以通过地址访问网站。为了在互联网上获得你自己的地址，你需要注册一家网络托管公司。JSFiddle 就是一个网络托管公司，为人们用 JavaScript、HTML 和 CSS 制作的程序提供免费的测试区域。

JSFiddle 很棒，但它有局限性，例如，它允许任何人复制和修改你的代码、无法给你提供自己的域名（如 www.mywebsite.com）。

大多数网络托管公司按月收取费用。但是，有免费试用账户。在本节中，我们将向你展示如何使用 x10Hosting（www.x10hosting.com）设置和使用免费试用账户。

x10Hosting 可能会选择开始对试用账户收费，或在我们有机会更新此书之前以某种方式进行更改。如果发生这种情况，你可以通过搜索"免费网络托管"来找到不同的免费网络托管。

x10Hosting 入门

按照以下步骤在 x10Hosting 创建账户和网站:

1. 打开 Web 浏览器并进入 www.x10hosting.com。

现在,你会在首页中看到一个 SIGN UP NOW 的按钮,如图 18-4 所示。

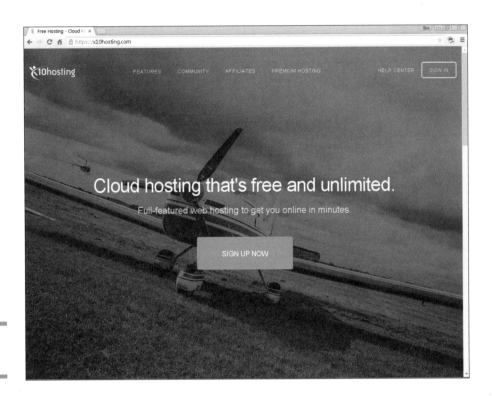

图 18-4

x10Hosting 的主页

2. 单击 Create My Account 按钮。

将显示一个表单,你可以在其中输入自定义网址的名称。

3. 选择主机账户的名称,如图 18-5 所示,然后单击 CONTINUE 按钮。

Try our web hosting now. It's super-easy and completely **FREE!** No strings attached.

codingJSforkids   .x10host.com   CONTINUE

图 18-5

为你的账户选择名称

4. 在下一个屏幕上，输入你的电子邮件地址，然后单击 Continue。

5. 为你的账户创建密码，然后单击 Continue。

6. 单击同意服务条款，然后单击 Submit 以完成注册。

系统会向你发送电子邮件确认。

7. 单击电子邮件中的链接以确认你的账户。

小贴士大用途

如果几分钟后没有收到电子邮件，请检查你的垃圾邮件文件夹。

8. 确认你的账户后，单击 Continue 以登录。

你的账户可能需要几分钟才能完成。如果看到一条消息说要求你等待，请稍等片刻，然后返回，并在 Continue 按钮可单击时再单击。

9. 在下一页上输入你的姓名以个性化你的账户，然后单击 Continue。

10. 域名设置完成后，会看到一个包含帮助窗口的页面指向域的链接，以及一个显示 Open cPanel 的链接。

11. 单击 Open cPanel 的链接。

控制面板打开。

12. 单击 Add Website 链接。

13. 为你的站点命名，保留默认域，并将地址路径文本设置为空，如图 18-6 所示。

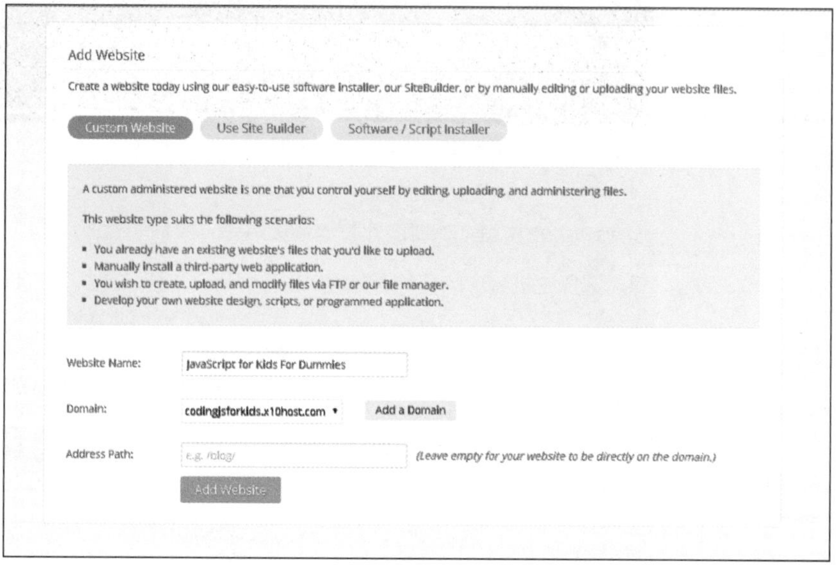

Add Website

Create a website today using our easy-to-use software installer, our SiteBuilder, or by manually editing or uploading your website files.

(Custom Website) (Use Site Builder) (Software / Script Installer)

A custom administered website is one that you control yourself by editing, uploading, and administering files.

This website type suits the following scenarios:

- You already have an existing website's files that you'd like to upload.
- Manually install a third-party web application.
- You wish to create, upload, and modify files via FTP or our file manager.
- Develop your own website design, scripts, or programmed application.

Website Name: [JavaScript for Kids For Dummies]

Domain: codingjsforkids.x10host.com ▾ [Add a Domain]

Address Path: [e.g. /blog] (Leave empty for your website to be directly on the domain.)

[Add Website]

图 18-6

创建一个新的网站

14. 单击 Add Website。

你的新网站已创建，你将看到唯一的网站地址。

记下此网站地址。你稍后将使用它！

15. 单击 Continue to My Websites。

16. 在网站的控制面板中，单击 File Manager。

将打开一个窗口，显示虚拟主机账户中的文件和目录（见图 18-7）。

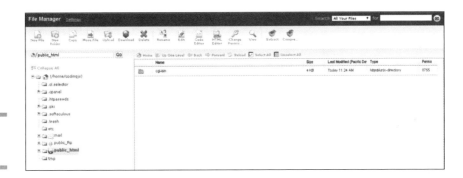

图 18-7

文件管理器

17. 单击屏幕顶部的 New File。

18. 将新文件命名为 lunchgame.html，然后单击 Create New File。

19. 单击以突出显示新文件，然后单击顶部菜单中的 Code Editor。

20. 如果这是你第一次使用代码编辑器，将打开一个窗口，要求你选择"编码"，单击 Disable Encoding Check。

将在代码编辑器中打开一个空白页。

21. 在此空白页中输入列表 18-5 中的 HTML。

列表 18-5　标准的 HTML 模板

```
<!doctype html>
<html>
<head>
  <title>Lunch Game</title>
<style>
</style>
<script>
function init() {
```

```
}
</script>

</head>
<body onload="init();">

</body>
</html>
```

22. 在另一个浏览器标签回到 JSFiddle 中的 Lunch Game。

23. 复制 HTML 面板中的所有内容，并将其粘贴在你的 lunchgame.html 文件的代码编辑器中的打开和关闭标记之间。

24. 复制 JSFiddle 中 CSS 面板内的所有内容，并将其粘贴在 lunchgame.html 文件中的 <style> 和 </ style> 之间。

25. 复制 JavaScript 面板的第一行到 buyLunches() 函数的函数声明，并将其粘贴到 Lunch Game.html 文件的 init() 函数的函数体中，如列表 18-6 所示。

粘贴后仔细检查你的代码，以确保它与列表 18-6 完全相同。

列表 18-6　**完成的 init() 函数**

```
function init() {
// declare globals
var money = 20;
var lunches = 0;

//display lunch budget
document.getElementById("money").innerHTML = money;

//listen for order
document.getElementById("placeOrder").
        addEventListener("click", buyLunches);
}
```

一旦加载网页，init() 函数就会运行。

26. 将 JSFiddle 中 JavaScript 面板中的其余 JavaScript 粘贴到 init() 函数下，但仍位于 <script> 和 </script> 标签之间。

27. 单击屏幕右上角的 Save 按钮。

28. 单击 Save 按钮左侧的 Close。

如果收到有关字符编码的消息，可以通过单击 OK 关闭它，并返回文件管理器。

29. 从新的浏览器标签进入你的网站。

你会看到网站中的文件列表。目前，你应该只有一个名为 `cgi-bin` 的文件夹和一个名为 `lunchgame.html` 的文件。

如果你不想看到此网页列表，可以创建一个名为 `index.html` 的新 HTML 文件，下次访问网站其他文件将会被此文件取而代之。

30. 单击 `lunchgame.html` 打开 Lunch Game。

Lunch Game 将会出现在浏览器窗口，如图 18-8 所示。

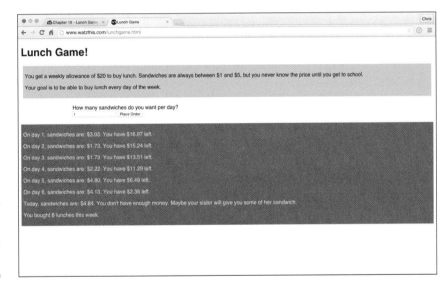

图 18-8

托管在你自己网站的
Lunch Game

第19章
创建一个柠檬水摊

运行了随机天气预报和午餐应用程序之后，便想到了一个天才的经营方式：将二者结合起来创办一个柠檬水摊。

在本章中，你将学习如何创建一个柠檬水摊游戏。

Forecast for Monday:	Forecast for Tuesday:	Forecast for Wednesday:	Forecast for Thursday:	Forecast for Friday:
Partly Cloudy and 98 degrees.	Partly Sunny and 106 degrees.	Raining and 56 degrees.	Foggy and 45 degrees.	Snowing and 98 degrees.

How many glasses of lemonade do you want to make this week?

`hint: think big!`

How much will you charge for a glass of lemonade this week?

`more than .5`

`Open The Stand!`

玩游戏

在创建柠檬水摊游戏之前，先尝试运行一下，看看它是如何工作的！

请按照下列步骤打开游戏：

1. 访问 JSFiddle 公共面板中的 "fiddle"。

2. 找到标题为 "Chapter 19 - Lemonade Stand" 的程序，单击标题以将其打开。

程序将被打开并运行。柠檬水摊游戏界面如图 19-1 所示。

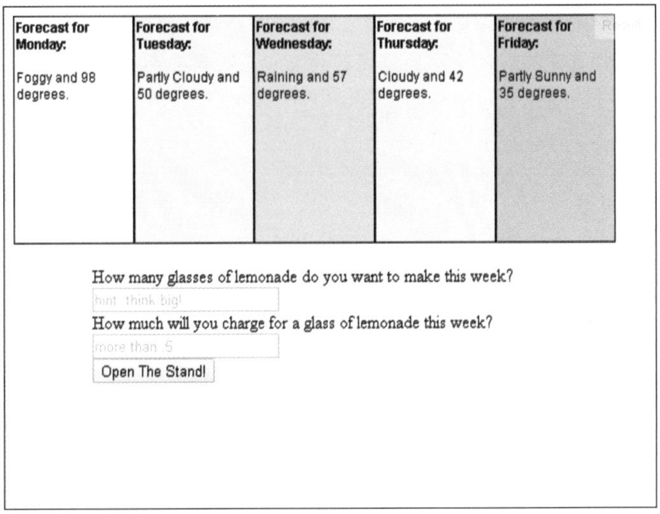

图 19-1

柠檬水摊游戏

3. 查看结果面板顶部的一周天气预报。

游戏会根据每天的天气计算出你会卖多少杯柠檬水。

4. 在"How many glasses of lemonade do you want to make this week?"
下面的文本框中输入数字。

请记住,你正在做一周的柠檬水,所以输入的数字应该足够大,以至于不会到周五柠檬水就被卖完! 提示:尝试不同的数字,包括数以百计的数字。

5. 输入每杯柠檬水的价格。

每杯成本价(你花费了多少)是 0.50 美元,所以请确保输入的价格大于成本价。

6. 单击 Open the Stand 按钮。

将显示每日和每周的销售报告。注意报告的最后一行,它将告诉你赚了多少钱。数字是正数还是负数? 如果大于 0,就干得漂亮。

7. 基于现在的结果,尝试改变每杯价格或总数量,再次单击 Open the Stand 按钮。

你是否注意到,应该以何种方式在减少成本的同时增加利润? 你能想出如何减少剩余柠檬水的数量、实现利润最大化的方法吗?

8. 单击 JSFiddle 顶部菜单的 Run 按钮,生成新一周的天气预报,然后再次尝试游戏。

9. 比较不同温度下每天的销售数量。

请注意,每天的温度会影响柠檬水销售数量。

现在,你已经在实际中体验了柠檬水摊程序,让我们回过头来谈谈游戏中用到的几个经济学概念。

无论你是经营柠檬水摊，还是管理自己的财务，亦或是打算在漫画和糖果上花费多少钱，这些经济学的基本原则都适用。

业务课

当你开一家柠檬水摊时，你正在经营一桩生意。作为一桩生意的主人，你的主要目标就是赚取足够多的利润来维持生意的运作。

你也可以有经营柠檬水摊的其他目标，比如在外面沐浴阳光、与客户有趣交谈、做出世界上最好喝的柠檬水，但是如果你不赚取足够的利润来维持柠檬水摊运作，就不能享受柠檬水摊带来的其他利益。

要通过卖柠檬水赚取利润，你需要了解你的客户，他们为什么要从你这里买柠檬水。正如你可能有很多要经营柠檬水摊的原因一样，客户也有很多要从你这里买柠檬水的原因，并且有很多因素都会影响到他们的决定。其中的一些因素包括天气、价格、他们有多少钱、柠檬水摊所在的位置以及柠檬水的味道。看似简单的柠檬水买卖，其实很复杂！

为了使游戏脱离柠檬水摊，我们只需关注过程中涉及的许多因素中的其中几个。

赚取利润

利润就是业务总收入（所有进来的钱）除去开支（业务支出的钱）后剩下的部分。

一个柠檬水摊，你可能有以下费用：柠檬，糖，冰，杯子，摊子维护（如油漆、修理等）。结合所有开支，计算出做一杯柠檬水的成本大约是 0.50 美元。为了回报你在柠檬水摊上的投资，每杯柠檬水需要至少赚 0.50 美元。

了解你的客户

如你所知，任何城市的温度都在时刻变化，但有一点是肯定的：天气越热，买柠檬水的人越多。但是，如果柠檬水的价格过高，也将无人问津。

作为一个柠檬水摊老板，你的目标就是要弄清楚你需要做多少杯柠檬水以及每杯定价多少才能赚取最大的利润。

了解数学

下面是用来计算我们游戏中每天要卖多少杯柠檬水的基本公式：

销售杯数 = 温度 ÷ 价格

例如，温度为 100 度，柠檬水的价格是 2 美元，则数学公式如下：

销售杯数 = 100 ÷ 2

其结果是卖 50 杯柠檬水。

然而，如果温度较低，比如 50 度，该公式如下所示：

销售杯数 = 50 ÷ 2

其结果是只能卖 25 杯柠檬水。

但是，如果你将柠檬水的价格降到 1 美元，数学公式是这样的：

销售杯数 = 50 ÷ 1

其结果是，在温度较低的情况下，你也可以通过降低价格卖出 50 杯柠檬水。

销量数量、温度、价格关系图

理解销售数量、温度、价格三者之间的关系是很重要的。请按照以下步骤制作出可视化的 3D 图。

1. 在 Web 浏览器中打开 www.wolframalpha.com。

你会看到 Wolfram Alpha 首页，如图 19-2 所示。

图 19-2

Wolfram Alpha 的主页

2. 在搜索框中输入 3D plot。

将看到一个带有函数编辑区域的搜索结果，如图 19-3 所示。

图 19-3

函数编辑区域

3. 单击变量和范围的链接，显示如下函数绘制区域。

附加字段出现，如图 19-4 所示。

图 19-4

变量和范围

4. 在函数绘图栏中输入 z=x/y。

字母 z 表示售出的杯数，字母 x 表示温度，字母 y 表示价格。

5. 在 Lower Limit 1 字段中输入 0。

Lower Limit 1 字段代表我们要绘制的变量 x，对应于柠檬水温度的最低值。

6. 在 Upper Limit 1 字段中输入 100。

这表示绘制关系图中的最高温度值。

7. 在 Lower Limit 2 字段中输入 0。

这代表了柠檬水价格的最低值。

如果每杯 0 美元，你一定能卖很多柠檬水，但如果你想运作一个企业，从长远来看，不推荐使用这种方法！

8. 在 Upper Limit 1 字段中输入 10。

一杯柠檬水要价超过 10 美元是不太可能的，所以我们将上限设置为 10。

9. 单击输入字段旁边的橙色等号按钮来显示图表。

我们将看到一个类似于图 19-5 所示的图表。

注意，在图 19-5 的图表中，当温度值最大且销售价格最小时，售出的柠檬水总数量最多。

Wolfram Alpha 可以做很多有趣的事情！随便尝试不同的值来绘制不同的图形。

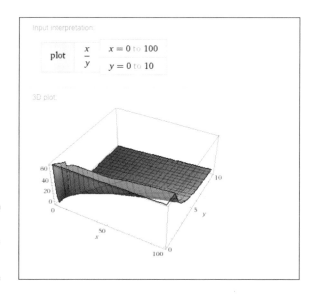

图 19-5

销售数量、温度、价格关系图

构建游戏

现在，你对柠檬水摊背后的数学知识已经有了更多的理解，下面开始构建游戏！

我们已经为你构建好了代码，所以第一步生成一个属于自己的代码副本。

复制代码

请按照以下步骤生成初始程序的副本：

1. 登录 JSFiddle 并进入"fiddle"找到公共面板。

2. 找到"Chapter 19 – Lemonade Stand – Start"这个程序名，单击其标题以将其打开。

3. 单击顶部菜单中的 Fork，创建自己的程序副本。

4. 打开左侧导航 Fiddle 选项，更改标题为"(Your Name)'s Lemonade Stand."。

5. 单击 Update 和 Set as Base，保存一份基本版本的柠檬水摊游戏。

编写 JavaScript

看看柠檬水摊游戏初始程序。在你开始编写之前，我们已经写了足够多的 HTML 和 CSS，但 JavaScript 面板是完全空白的。

当运行该程序时，HTML 将显示在结果面板中，但单击按钮不会做任何事情。

下面就按照注释指示一步步完成柠檬水摊游戏。

创建全局变量

我们要做的第一件事是确定将在程序中使用的全局变量，具体如下：

- 星期几的数组
- 天气类型数组
- 最小和最大温度值
- 柠檬水成本价
- 一个用来保存每日实际气温的数组

编写任何代码之前先为每个变量编写注释，如列表 19-1 所示。

列表 19-1　**创建变量注释**

```
// create days of week array

// define types of weather

// set min and max temperatures
```

```
// cost (to you) of a cup of lemonade

// array for storing daily temps
```

现在，我们有了注释，请按照下列步骤完成实际的变量声明。

1. 在第一个注释（`create days of week array`）下面输入以下内容：

```
var days = ["Monday", "Tuesday", "Wednesday", "Thursday",
            "Friday"];
```

2. 在接下来的注释（`define types of weather`）下面创建描述天气的数组。

下面是一个数组例子：

```
var weather = ["Sunny", "Partly Sunny", "Partly Cloudy",
               "Cloudy", "Raining", "Snowing","Thunderstorm",
               "Foggy"];
```

随意添加或删除任何你喜欢的天气类型。

3. 在接下来的注释（`set min and max temperatures`）下面创建两个新变量以保存游戏中设定的最高和最低温度。

下面是示例代码：

```
var maxTemp = 100;
var minTemp = 0;
```

4. 在接下来的注释（`cost of a cup of lemonade`）下面声明一个名为 lemonadeCost 的变量，并将柠檬水成本价赋值于它，以美元计价。

```
var lemonadeCost = 0.5;
```

5. 创建一个名为 dailyTemp 的空数组，用来存放每天的温度值。

```
var dailyTemp = [];
```

6. 单击 Update 保存项目。

7. 现在 JavaScript 面板应该如列表 19-2 所示。

列表 19-2　全局变量已创建

```
// create days of week array
var days = ["Monday", "Tuesday", "Wednesday", "Thursday",
            "Friday"];

// define types of weather
var weather = ["Sunny", "Partly Sunny", "Partly Cloudy",
               "Cloudy", "Raining", "Snowing", "Thunderstorm",
               "Foggy"];
```

```
// set min and max temps
var maxTemp = 100;
var minTemp = 0;

// cost (to you) of a cup of lemonade
var lemonadeCost = 0.5;

// array for storing daily temps
var dailyTemp = [];
```

生成天气预报

下一步就是写程序来生成天气预报。幸运的是，我们已经有了生成天气预报的随机函数——我们在第 17 章中写的随机天气应用程序。

我们将在第 17 章随机天气程序中增加一个 generateWeather 函数，将每日天气存储在一个名为 dailyTemp 的全局数组中。

按照这些步骤实现 generateWeather 函数：

1. 写描述函数的用途的注释。

```
/**
generates weather for the week
**/
```

2. 编写函数头。

```
function generateWeather() {
```

3. 创建两个函数变量来保存当前的天气和温度。

```
var weatherToday;
var tempToday;
```

4. 循环一周中的每一天。

```
for (var i = 0; i < days.length; i++) {
```

5. 从天气数组中获取一个随机天气并且将它赋值给 weatherToday 变量。

```
weatherToday = weather[Math.floor(Math.random() * weather.
          length)];
```

6. 获取介于最大值和最小值之间的一个随机温度。

```
tempToday = Math.floor(Math.random() * (maxTemp - minTemp) +
          minTemp);
```

7. 保存温度到每天温度数组中。

```
dailyTemp[i] = tempToday;
```

8. 输出描述当前天气的信息。

```
document.getElementById("5DayWeather").innerHTML += "<div id='" +
        days[i] + "' class='" + weatherToday +
        "'><b>Forecast for " + days[i] + ":</b><br><br>" +
        weatherToday + " and " + tempToday + " degrees.</
        div>";
```

9. 关闭循环和函数。

```
    }
}
```

10. 程序加载时通过在全局变量声明下面输入以下语句来调用函数。

```
generateWeather();
```

11. 单击 Update 保存项目。

以上完成了生成天气预报的函数。如果一切正确，一周的天气预报应该显示在结果面板中，如图 19-6 所示。

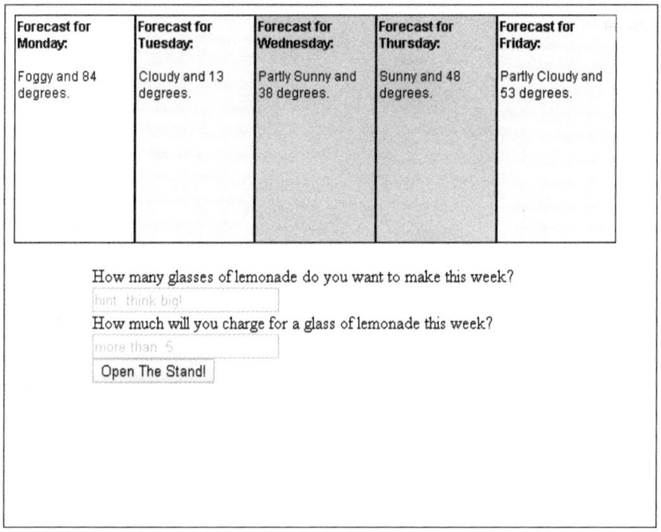

图 19-6

结果面板中包含天气和输入区域

与列表 19-3 中的代码比较，运行前请确保你的代码与其一致。

列表 19-3　完整的 generateWeather 函数

```
// create days of week array
var days = ["Monday", "Tuesday", "Wednesday", "Thursday",
        "Friday"];
```

```
// define types of weather
var weather = ["Sunny", "Partly Sunny", "Partly Cloudy",
               "Cloudy", "Raining", "Snowing", "Thunderstorm",
               "Foggy"];

// set min and max temps
var maxTemp = 100;
var minTemp = 0;

// cost (to you) of a cup of lemonade
var lemonadeCost = 0.5;

// array for storing daily temps
var dailyTemp = [];

// make the week's weather
generateWeather();

/**
generates weather for the week
**/
function generateWeather() {
    var weatherToday;
    var tempToday;
    for (var i = 0; i < days.length; i++) {
        weatherToday = weather[Math.floor(Math.random() *
            weather.length)];
        tempToday = Math.floor(Math.random() *
            (maxTemp - minTemp) + minTemp);
        dailyTemp[i] = tempToday;
        document.getElementById("5DayWeather").innerHTML
         += "<div id='" + days[i] + "' class='" +
         weatherToday + "'><b>Forecast for " + days[i]
         + ":</b><br><br>" + weatherToday + " and " +
         tempToday + " degrees.</div>";
    }
}
```

开摊位

我们将创建一个函数来开摊位并计算一周的销售量。

按照这些步骤建立 openTheStand 函数。

1. 写描述功能的注释，然后写函数头。

```
/**
calculates glasses of lemonade sold
**/
function openTheStand() {
```

2. 创建 3 个新的变量—— 一个存放日销售量，一个存放周销售量，一个存放剩余数量——并全部初始化为 0。

```
var glassesSold = 0; // daily
var totalGlasses = 0; // weekly
var glassesLeft = 0; // left to sell
```

3. 调用 resetForm() 函数，它可以在无需重新启动游戏的情况下多次重置程序的报告区域。

```
// clear previous results
resetForm();
```

完成 openTheStand() 函数后再编写 resetForm() 函数。

4. 从表单中获取值。

```
// get input
var numGlasses = Number(document.getElementById("numGlasses").
                value);
var glassPrice = Number(document.getElementById("glassPrice").
                value);
```

5. 再次循环一周的每一天。

```
for (var i = 0; i < days.length; i++) {
```

6. 计算销售数量。

```
// glasses sold depends on temp and price
glassesSold = Math.floor(dailyTemp[i] / glassPrice);
```

7. 计算剩余杯数。

```
// how many glasses do we have now?
glassesLeft = numGlasses - totalGlasses;
```

8. 编写 if...else 语句检查柠檬水是否卖超了。

```
// we can't sell more than we have
if (glassesSold > glassesLeft) {
    glassesSold = glassesLeft;
}
```

如果 glassesSold 大于剩余数量，将 glassesSold 变量设置为剩余数量。

9. 增加每周卖出数量。

```
// increase the weekly total
totalGlasses = glassesSold + totalGlasses;
```

10. 显示每天总量。

```
// display daily total
document.getElementById("result").innerHTML += "<p>" + days[i] +
        ",you sold " + glassesSold  + " glasses of
        lemonade.</p>";
```

11. 用花括号结束循环。

```
}
```

12. 调用函数显示每周销售结果，传递 3 个参数：numGlasses、glassPrice 和 totalGlasses。

```
displayResults(numGlasses,glassPrice,totalGlasses);
```

13. 通过输入一个结束大括号完成该函数。

```
}
```

14. 单击 Update 保存项目。

如果一切正确，你的 openTheStand 函数应与列表 19-4 一致。

列表 19-4　openTheStand 函数

```
/**
calculates glasses of lemonade sold
**/
function openTheStand() {
    var glassesSold = 0; // daily
    var totalGlasses = 0; // weekly
    var glassesLeft = 0; // left to sell

    // clear out previous results
    resetForm();

    // get input
    var numGlasses = Number(document.
        getElementById("numGlasses").value);
    var glassPrice = Number(document.
        getElementById("glassPrice").value);
    for (var i = 0; i < days.length; i++) {

        // glasses sold depends on temp and price
        glassesSold = Math.floor(dailyTemp[i] /
        glassPrice);

        // how many glasses do we have now?
        glassesLeft = numGlasses - totalGlasses;

        // we can't sell more than we have
        if (glassesSold > glassesLeft) {
            glassesSold = glassesLeft;
        }
```

```
        // increase the weekly total
        totalGlasses = glassesSold + totalGlasses;

        // display daily total
        document.getElementById("result").innerHTML +=
            "<p>" + days[i] + ", you sold " + glassesSold +
            " glasses of lemonade.</p>";

    }

    displayResults(numGlasses, glassPrice, totalGlasses);

}
```

重置程序

openTheStand() 函数要做的第一件事情就是调用 resetForm() 函数。这个函数是非常简单的。

其唯一的目的就是清除程序报告区域内容，从而防止程序运行结果包含前一次的输出结果。

列表 19-5 显示了 resetForm() 的完整代码。将这个函数输入到 JavaScript 面板中，写在 openTheStand() 函数下面（在 JavaScript 代码中的最后一行）。

列表 19-5　resetForm() 函数

```
/**
resets the game so that a new order can be placed
**/
function resetForm() {
    document.getElementById("result").innerHTML = "";

}
```

写完 resetForm() 函数后，单击 Update 保存项目。

显示报告

柠檬水摊游戏的最后一个函数是 displayResults() 函数。此函数通过传递参数给 openTheStand() 函数来计算每周销售结果的同时输出成果报告。

请按照以下步骤编写 displayResults() 函数。

1. 写函数描述以及定义带有 3 个入参 weeklyInventory、glassPrice 和 weeklySales 的函数头。

```
/**
calculates results and displays a report
**/
function displayResults(weeklyInventory, glassPrice, weeklySales)
          {
```

2. 通过销售数量乘以销售单价来计算总收入。

```
var revenue = weeklySales * glassPrice;
```

3. 通过每周总数量乘以成本价来计算总成本。

```
var expense = weeklyInventory * lemonadeCost;
```

4. 通过每周总数量减去每周销售数量计算出每周剩余数量。

```
var leftOver = weeklyInventory - weeklySales;
```

5. 通过总收入减去总成本计算利润。

```
var profit = revenue - expense;
```

6. 通过下面 4 个语句输出结果报告：

```
// print out the weekly report
document.getElementById("result").innerHTML += "<p>You sold a
          total of " + weeklySales + " glasses of lemonade
          this week.</p>";
document.getElementById("result").innerHTML += "<p>Total revenue:
          $" + revenue + ".</p>";
document.getElementById("result").innerHTML += "<p>You have " +
          leftOver+" glasses of lemonade left over.</p>";
document.getElementById("result").innerHTML += "<p>Each glass
          costs you $" + lemonadeCost + ". Your profit was $"
          + profit + ".";
```

7. 使用一个大括号结束函数。

```
}
```

8. 单击 Update 保存项目。

最终的函数如列表 19-6 所示。

列表 19-6　displayResults 函数

```
/**
calculates results and displays a report
**/
function displayResults(weeklyInventory, glassPrice,
          weeklySales) {
    // calculate results
    var revenue = weeklySales * glassPrice;
    var expense = weeklyInventory * lemonadeCost;
    var leftOver = weeklyInventory - weeklySales;
```

```
        var profit = revenue - expense;

        // print out the weekly report
        document.getElementById("result").innerHTML += "<p>You
            sold a total of " + weeklySales + " glasses of
            lemonade this week.</p>";
        document.getElementById("result").innerHTML +=
            "<p>Total revenue: $" + income + ".</p>";
        document.getElementById("result").innerHTML += "<p>You
            have " + leftOver + " glasses of lemonade left
            over.</p>";
        document.getElementById("result").innerHTML +=
            "<p>Each glass costs you $" + lemonadeCost + ".
            Your profit was $" + profit + ".";
}
```

整理和调试程序

如果现在试用程序，你会发现除了打印随机天气预报外不会再有其他输出。

还有一件事情必须要做，你知道是什么吗？

如果你说我们需要监听按钮的 click 事件，那么恭喜你，回答正确。click 事件是让柠檬水摊运行的开关。

请按照以下步骤完成程序，并测试它。

1. 在 JavaScript 面板内函数声明之前输入以下代码：

```
// listen for order
document.getElementById("OpenTheStand").addEventListener("click",
        openTheStand);
```

2. 单击 Update 和 Set as Base 保存你的工作。

JavaScript 面板的最终代码如列表 19-7 所示。

列表 19-7　柠檬水滩游戏

```
// create days of week array
var days = ["Monday", "Tuesday", "Wednesday", "Thursday",
        "Friday"];

// define types of weather
var weather = ["Sunny", "Partly Sunny", "Partly Cloudy",
        "Cloudy", "Raining", "Snowing", "Thunderstorm",
        "Foggy"];

// set min and max temps
var maxTemp = 110;
var minTemp = 32;
```

```
// cost (to you) of a cup of lemonade
var lemonadeCost = 0.5;

// array for storing daily temps
var dailyTemp = [];

// listen for order
document.getElementById("OpenTheStand").
        addEventListener("click", openTheStand);

// make the week's weather
generateWeather();

/**
generates weather for the week
**/
function generateWeather() {
    var weatherToday;
    var tempToday;
    for (var i = 0; i < days.length; i++) {
        weatherToday = weather[Math.floor(Math.random() *
            weather.length)];
        tempToday = Math.floor(Math.random() * (maxTemp -
            minTemp) + minTemp);
        dailyTemp[i] = tempToday;
        document.getElementById("5DayWeather").innerHTML
            += "<div id='" + days[i] + "' class='" +
            weatherToday + "'><b>Forecast for " + days[i]
            + ":</b><br><br>" + weatherToday + " and " +
            tempToday + " degrees.</div>";
    }
}

/**
calculates glasses of lemonade sold
**/
function openTheStand() {
    var glassesSold = 0; // daily
    var totalGlasses = 0; // weekly
    var glassesLeft = 0; // left to sell

    // clear previous results
    resetForm();

    // get input
    var numGlasses = Number(document.
        getElementById("numGlasses").value);
    var glassPrice = Number(document.
        getElementById("glassPrice").value);
```

```javascript
    for (var i = 0; i < days.length; i++) {

        // glasses sold depends on temp and price
        glassesSold = Math.floor(dailyTemp[i] /
            glassPrice);

        // how many glasses do we have now?
        glassesLeft = numGlasses - totalGlasses;

        // we can't sell more than we have
        if (glassesSold > glassesLeft) {
            glassesSold = glassesLeft;
        }
        // increase the weekly total
        totalGlasses = glassesSold + totalGlasses;

        // display daily total
        document.getElementById("result").innerHTML +=
            "<p>" + days[i] + ", you sold " + glassesSold +
            " glasses of lemonade.</p>";

    }

    displayResults(numGlasses, glassPrice, totalGlasses);

}

/**
calculates results and displays a report
**/
function displayResults(weeklyInventory, glassPrice,
        weeklySales) {
    // calculate results
    var revenue = weeklySales * glassPrice;
    var expense = weeklyInventory * lemonadeCost;
    var leftOver = weeklyInventory - weeklySales;
    var profit = revenue - expense;

    // print out the weekly report
    document.getElementById("result").innerHTML += "<p>You
            sold a total of " + weeklySales + " glasses of
            lemonade this week.</p>";
    document.getElementById("result").innerHTML +=
            "<p>Total revenue: $" + revenue + ".</p>";
    document.getElementById("result").innerHTML += "<p>You
            have " + leftOver + " glasses of lemonade left
            over.</p>";
    document.getElementById("result").innerHTML +=
            "<p>Each glass costs you $" + lemonadeCost + ".
            Your profit was $" + profit + ".";
}
/**
```

```
resets the game so that a new order can be placed
**/
function resetForm() {
    document.getElementById("result").innerHTML = "";

}
```

3. 在表单"How many glasses of lemonade do you want to make this week?"文本框中输入一个值。

4. 在表单"How much will you charge for a glass of lemonade this week?"文本框中输入一个值。

5. 单击 Open the Stand 按钮。

你将看到每天卖出的数量，其次是每周总数量和利润，如图 19-7 所示。

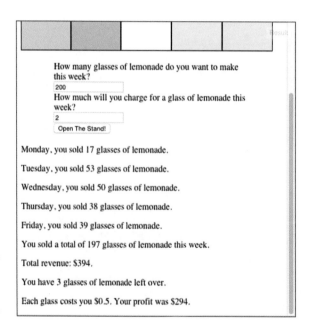

图 19-7

柠檬水摊游戏

你是怎么做的？你赚钱了吗？你可以增加每杯水的价格来提升利润吗？这种增加利润的方法比其他方法更好吗？当价格或者数量的值非常大时会发生什么？或者它们中的任何一个值非常小时又会发生什么？

准备好答案之后，请到下一部分给出改进柠檬水摊游戏的想法。

改进柠檬水摊游戏

　　柠檬水摊游戏很有趣，而且展示了一些重要的 JavaScript 规则。到目前为止，你可能已经有了对游戏进行改进以使其更富有挑战、更有趣、更逼真的一些想法。

　　如果你在本书中学到了很多东西，对 JavaScript 有了一个很好的理解，并且已经准备好开始修改编写属于你自己的程序了，那么恭喜你，非常棒！

　　在修改柠檬水摊游戏之前给你提供一些建议：

　　▱ 允许用户每天都可以控制价格，而不是每周。

　　▱ 根据实际天气情况（雨，雪等）计算销售数量，而不是只考虑温度因素。

　　▱ 随机化每杯柠檬水的成本价 (你支付的钱)。

　　▱ 多写 HTML 和 CSS，提高自己的编程能力，而不仅仅是改变游戏的外观。

　　▱ 创建一个按钮来产生随机天气，而不是当需要新一周天气的时候重新开始游戏。

　　▱ 将用户的最高分保存在一个变量中，好让他们知道自己的分数是否在提高。

　　▱ 基于柠檬的价格与糖的价格来计算柠檬水成本价，同时考虑一杯柠檬水需要消耗多少柠檬以及多少糖。

　　▱ 在游戏中增加随机事件，例如暴风雪袭击了柠檬水摊导致这一天无法销售。

　　这些仅仅是数百种改进柠檬水滩游戏的几种建议而已。如果想分享你的改进建议，可通过 Facebook、Twitter 或者发邮件到 info@watzthis.com 完成，我们非常高兴收到你的来信！